STEFAN SEIP

ASTRO — FOTOGRAFIE GANZ EINFACH

DER FOTOKURS
FÜR EINSTEIGER
**MIT ERFOLGS-
REZEPTEN**

KOSMOS

INHALT

Die Magie der Nacht

Ob Sternbilder, die Milchstraße, Polarlichter oder ein Komet: der Nachthimmel ist voller fantastischer Motive und bietet einen ganzen Welt-Raum für neue fotografische Entdeckungen.

Schnappschüsse des Sternenhimmels sind mittlerweile schon mit guten Fotohandys möglich, doch wer mehr will, als nur ein Knöpfchen zu drücken und zu hoffen, dass etwas Brauchbares dabei herauskommt, beschäftigt sich mit den Einstellungen einer klassischen Kamera oder den Möglichkeiten der Handy-Kamera-App. Dieses Buch richtet sich somit an alle, die ihre Kamera auch nachts im Griff haben wollen, um zu einem optimalen Ergebnis zu gelangen. An alle, die gerne etwas selbst machen statt es machen zu lassen. An jene, die Freude daran haben, sich neue Motive mit ihrem Aufnahmegerät zu erschließen. Und an diejenigen, die ein bestimmtes oder auch ein seltenes Himmelsereignis in möglichst eindrucksvoller Art und Weise ablichten möchten.

FÜR JEDES MOTIV EINE EIGENE ANLEITUNG

Es ist weder notwendig noch vorgesehen, dass du diesen Ratgeber von vorne bis hinten durcharbeiten musst. Lediglich die beiden einleitenden Kapitel empfehle ich zur allgemeinen Lektüre. Danach kann man direkt zum Motivteil springen, der gerade auf deiner Wunschliste steht. Erwartet man beispielsweise im Rahmen einer Urlaubsreise in den hohen Norden die Sichtung von Polarlichtern, kann direkt ab Seite 80 weitergelesen werden, denn dort wird genau jenes Thema behandelt. Hat man die Fotos erst einmal „im Kasten“, sollte man sich um eine adäquate Bildbearbeitung kümmern, die ab Seite 138 erklärt wird.

Eine alte Weisheit in der Fotografie besagt, dass man die besten Fotos von Motiven macht, von denen man etwas versteht. Deshalb sind auch himmelsmechanische und astronomische Grundkenntnisse für Astrofotografen wichtig. Denn man sollte abschätzen können, wann, wo, wie oft, für wie lange und mit welcher Wahrscheinlichkeit gewisse Himmelsphänomene sichtbar sein werden. Weder die Milchstraße noch der Mond oder ein bestimmter Planet bzw. ein ausgesuchtes Sternbild können in jeder klaren Nacht zu einer beliebigen Uhrzeit am Himmel gesehen werden. Viele Motive tauchen in einem regelmäßigen Jahresrhythmus auf. Andere Himmelsschauspiele

Polarlichter sind in der Natur nicht so farbenfroh wie sie auf Fotos erscheinen.

haben ihre ganz eigenen Zyklen, manche treten nur sporadisch oder kaum vorhersehbar auf. Schließlich gibt es Phänomene, die man leicht übersehen kann, wenn man von ihrer Existenz noch nie gehört hat: „Man sieht nur, was man weiß", soll schon Johann Wolfgang von Goethe erkannt haben. Daran angelehnt könnte man sagen: „Man fotografiert nur, was man sieht."

PRAKTISCHE APPS UND PROGRAMME

Es gibt eine große Zahl an nützlichen Programmen und Apps, die dir bei den Aufnahmevorbereitungen eine enorme Hilfe sein können. Manche stellen den Sternenhimmel für jeden beliebigen Ort und zu jeder beliebigen Uhrzeit dar, andere berechnen Finsternisse oder die Wahrscheinlichkeit von wolkenlosem Himmel und ruhiger Luft, die Sichtbarkeit von Nordlichtern oder Überflüge von hellen Satelliten. Wieder andere zeigen den exakten Auf- und Untergangsort von Sonne und Mond am Horizont, blenden das Gesichtsfeld einer Kamera ein, steuern Nachführeinheiten und erlauben programmierbare Aufnahmeserien. Nicht zu vergessen die große Auswahl an Software zur Bildbearbeitung.

Wer sich wiederholt mit der nächtlichen Himmelsfotografie befasst, wird sich schon bald einer kleinen Sammlung dieser Programme und Apps bedienen. Ab Seite 156 findest du eine Übersicht der Software-Helferlein, die ich regelmäßig in Gebrauch habe.

Allen Leserinnen und Lesern möchte ich die Planetariums-Software *Stellarium* empfehlen. Sie kann sowohl für Windows, macOS und Linux unter *stellarium.org* kostenfrei heruntergeladen werden.

Nach einer kurzer Erkundungsphase empfindet man dieses Planetariumsprogramm leicht bedienbar und wird von seinem Leistungsumfang, seiner Präzision und gefälligen Darstellung überzeugt sein. Mit seiner Hilfe können unter anderem himmelsmechanische Vorgänge dargestellt, Auf- und Untergangszeiten berechnet, Finsternisverläufe visualisiert und fotografische Gesichtsfelder angezeigt werden. An vielen Stellen werde ich in diesem Buch Bezug auf *Stellarium* nehmen. Wenn du

Auch in der Astrofotografie sind Apps auf dem Handy eine wichtige Hilfe.

es nach einiger Zeit der Verwendung ebenso nützlich findest wie ich, denke bitte über eine Spende an die Entwickler nach.

Stellarium wird auch als App für Android und iOS angeboten, allerdings muss dafür ein überschaubarer Betrag entrichtet werden. Gegenüber der Desktopversion ist die App im Funktionsumfang jedoch stark eingeschränkt.

DER BEGINN EINER SPANNENDEN REISE

Das Buch wird dir als zuverlässiger Begleiter bei deinem Vorhaben zur Seite stehen, einen zu erwartenden Himmelsanblick in möglichst eindrucksvollen Aufnahmen festzuhalten. Es kann auch die Basis für eine „Karriere" sein, einen erfolgreichen Ein- und Aufstieg in die Faszination Astrofotografie mit moderner Aufnahmetechnik möglich zu machen. Durchaus spielerisch und experimentierfreudig, aber dennoch mit dem Ziel, gute Ergebnisse zu einem reproduzierbaren Ereignis werden zu lassen, stets auf der Suche nach weiterem Optimierungspotenzial. Gelungene Astrofotos werden der reiche Lohn sein für die Anwendung fotografischen und astronomischen Knowhows, für langes Warten, für Entbehrungen bei nächtlicher Kälte, für deinen Durchhaltewillen, fürs Hoffen und Bangen, für Vorbereitungen und Planungen, für Reisen und Investitionen.

Dieser Weg besteht nicht nur aus Glücksgefühlen und Erfolgserlebnissen. Selbst wenn man noch so gut vorbereitet, motiviert und ausgerüstet ist, kann einem zum Beispiel das Wetter oder nicht funktionierende Technik einen dicken Strich durch die Rechnung machen. Dabei sind die zu meisternden Schwierigkeiten ein Teil der Faszination. Wäre die Astrofotografie ein Kinderspiel, würde sie einen ihrer Reize verlieren. Man tut es auch, um etwas zu schaffen, was nicht alle können.

Möchtest du eine astrofotografische Laufbahn starten, ist das in vielerlei Hinsicht vergleichbar mit dem Erlernen eines Musikinstruments. Beides gelingt nicht von jetzt auf nachher, sondern erfordert viel Übung und auch Fingerfertigkeiten. Daher ist es ratsam, mit vergleichsweise einfachen Motiven zu beginnen und den Schwierigkeitsgrad Stück für Stück zu steigern. Und weil unter dem Himmel oft jede Minute zählt, können und sollten wichtige Handgriffe im heimischen Wohnzimmer einstudiert werden – dieser „Generalprobe" widmet sich das Kapitel ab Seite 40.

Die Astrofotografie deckt ein gewaltiges Spektrum unterschiedlichster Herausforderungen ab. Der Bogen, der in diesem Buch gespannt wird, fängt bei einem freihändig aufgenommenen Foto mit dem Smartphone an und endet bei der Installation und Inbetriebnahme von kleinen, reisetauglichen Nachführeinheiten, die auf dem Fotostativ dafür sorgen, dass die Kamera dem Lauf der Sterne folgt und dadurch längere Belichtungszeiten möglich werden. Wer hingegen seine eigene Sternwarte errichten will und mit einer zentnerschweren Montierung, zigtausend Euro teuren Teleskopen und speziellen, nur für die Astrofotografie zu gebrauchenden Kameras mit dem Webb-Weltraumteleskop in Konkurrenz treten möchte, findet in diesem Ratgeber sicherlich auch grundle-

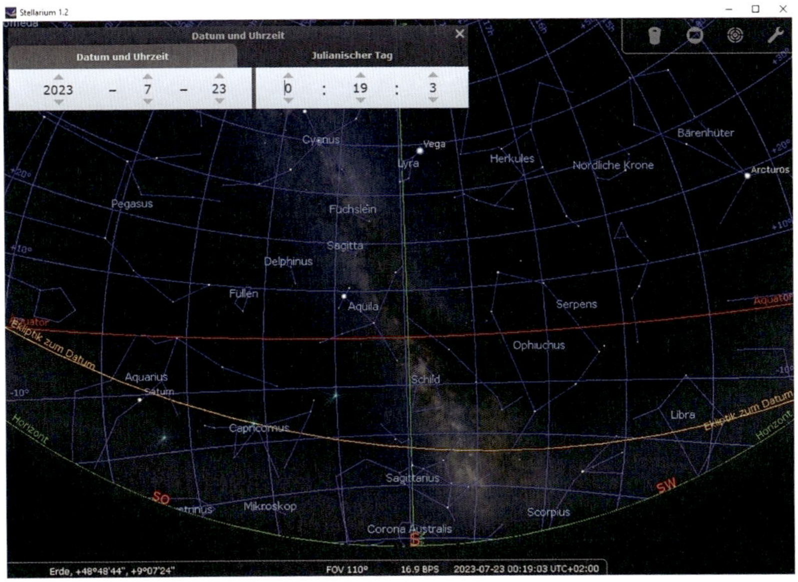

Die Software *Stellarium* ist eine feine Sache für die Orientierung am Sternenhimmel und sowohl für den Computer als auch als Handy-App verfügbar.

gende Informationen, muss jedoch ab einem gewissen Punkt weiterführende Quellen zu Rate ziehen.
Noch nie in der Geschichte der Astrofotografie war sie so einfach und unkompliziert wie heute. Dank moderner Kameras und Verarbeitungstechniken zeigen sich schon nach kurzer Zeit Erfolge und die Lernkurven verlaufen steiler als je zuvor. Mein Apell lautet, sich diese Techniken zunutze zu machen, ohne ihr alle Entscheidungen zu überlassen. In diesem Sinne der mindestens zweideutige Aufruf: „Kopf hoch!".

Stuttgart, im Juni 2023
Stefan Seip

Alles bereit zur Astrofoto-Exkursion? Dann kann's ja losgehen!

KAMERAS, OBJEKTIVE UND ZUBEHÖR

Nikon

Spiegellose Digitalkameras sind eine vorzügliche Wahl
zur Astrofotografie.

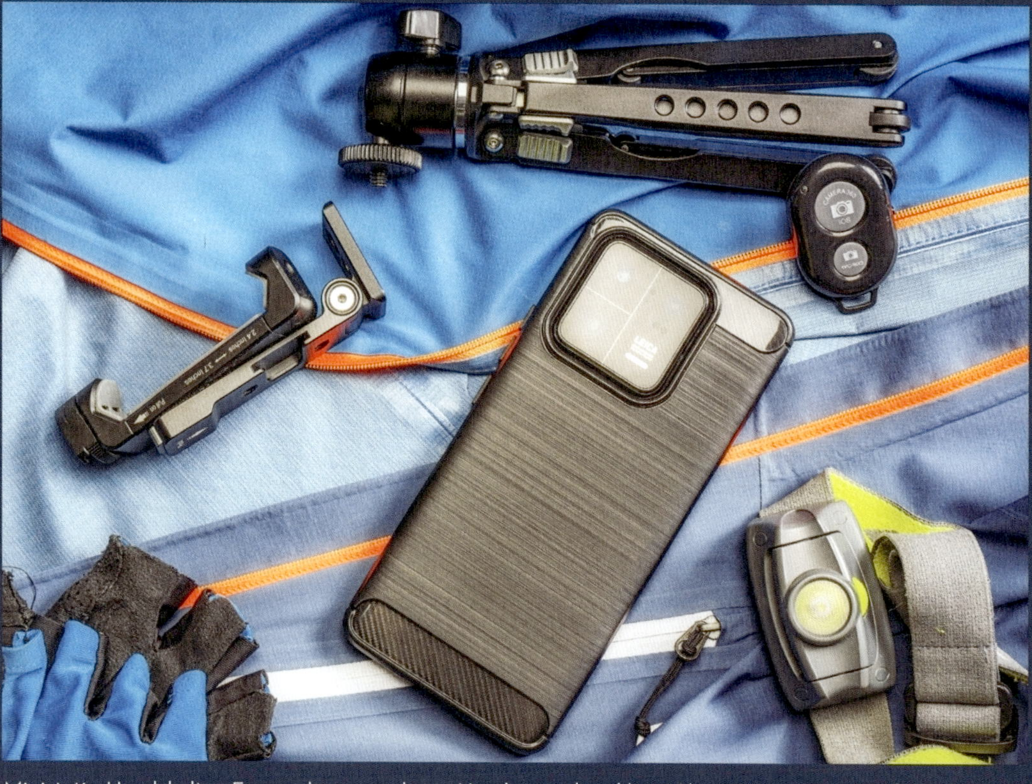

Ministativ, Handyhalter, Fernauslöser: moderne Handys machen klassischen Kameras ernsthaft Konkurrenz.

Volle Kontrolle über die Technik

Wer sich der Astrofotografie verschreibt, tut gut daran, sich mit seiner Kamera vertraut machen. Was also muss man wissen, damit die Bilder etwas werden? Die notwendigen Einstellungen selbst vorzunehmen ist einfacher als viele glauben und macht darüber hinaus großen Spaß.

Brennweite, Objektivblende, Belichtungszeit, Empfindlichkeit: in vielen Situation geht es darum, die Auswahl und Einstellung dieser Komponenten selbst in die Hand zu nehmen und dadurch die entstehenden Fotos unmittelbar zu beeinflussen. Viele dieser Techniken sind so alt wie die Fotografie selbst, andere sind durch Innovationen hinzugekommen. Dass gewisse Einstellungen durch uns und nicht von einer Automatik vorgenommen werden, ist keine Beschäftigungstherapie, sondern ergibt sich aus der Tatsache, dass die Automatikfunktionen bei Dunkelheit oft überfordert sind und nicht mehr zuverlässig arbeiten. Wenn es schnell gehen muss, kann man einen guten Schnappschuss des Sternenhimmels auch mal der Automatik überlassen, aber die manuelle Auswahl und optimale Abstimmung aller Kamerafunktionen ist der Weg zu richtig guten Bildern. Und das ist auch gar nicht so schwer, wie es auf den ersten Blick vielleicht scheinen mag.

Die einzustellenden Aufnahmeparameter sind immer die gleichen, ganz egal, ob du mit einem Smartphone, einer preiswerten Fotokamera oder einem Profimodell arbeitest. Daher empfehle ich allen Lesern und Leserinnen, das nachfolgende Kapitel durchzulesen. Sogar dann, wenn du dich bezüglich dieser Basics schon sicher fühlst. Denn es könnte doch der ein oder andere, bislang unbekannte, aber wichtige Aspekt zur Sprache kommen. Zudem entwickelt sich die Technik ständig weiter und neue Kameras bieten neue Möglichkeiten, die man erlernen und beherrschen muss. Dabei ist Astrofotografie im Grunde eine bodenständige Angelegenheit und das einmal Erlernte wird auch in Zukunft nützlich sein.

Ganz wichtig: die Schärfe auf unendlich (∞) einstellen

Handys für den Himmel

Immer dabei und für ein Selfie oder schnelles Foto gut: die Kameras in aktuellen Smartphones machen richtig gute Bilder. Für den Sternenhimmel muss man aber auf besondere Eigenschaften achten.

1

2

1. Aufnahme mit einem Samsung Galaxy S6 aus dem Jahr 2015. Wie man leicht erkennen kann, sind keine Sterne zu sehen.

2. Auch wenn sie wirklich teuer sind: aktuelle Fotohandys machen einfach beeindruckende Bilder des Nachthimmels, hier am Beispiel des Xiaomi 13 Pro gezeigt.

Auch heute können nicht alle Smartphones als „nachttauglich" bezeichnet werden. Es sind insbesondere die Topmodelle einer Baureihe, die in der Gerätebezeichnung die Zusätze „Pro", „Plus" oder „Ultra" enthalten, bei denen gezielt die Kameras eine besonders ausgeprägte Performance zeigen. Schaut man den Handymarkt in dieser Liga an, muss schnell über einen vierstelligen Eurobetrag beim Erwerb eines solchen Gerätes ohne Mobilfunkvertrag gesprochen werden. Das wesentlich günstigere Smartphone aus dem Lebensmittel-Discounter ist in aller Regel mit Nachtaufnahmen überfordert.

ASTROFOTOS MÖGEN ES ROH

Zumindest sollte die Kamera-App eines Fotohandys über einen „Nachtmodus", besser noch über einen „Pro"-Modus verfügen. Der Pro-Modus erlaubt die manuelle Einstellung aller wichtigen Aufnahmeparameter, wie man es von einer Fotokamera gewohnt ist. Ebenfalls von großer Bedeutung ist, ob die Kamera-App die Fotos im „RAW-Format" abspeichern kann. Aufnahmen im RAW-Format (siehe Seite 34) müssen zwar erst noch zu einem

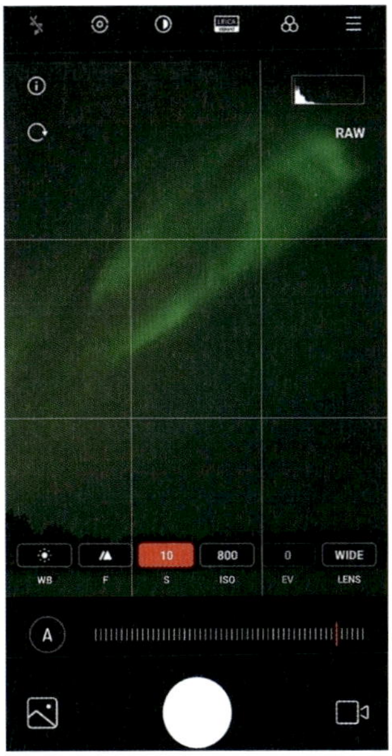

Für Nacht- und Astrofotografie muss die Kamera-App einen Pro-Modus anbieten, mit dem man Aufnahmen auch manuell steuern kann.

Die Kameramodule in Handys sind extrem klein.

Foto „entwickelt" werden und belegen enorm viel Speicherplatz, liefern aber die in der Nachtfotografie so enorm wichtigen Reserven für die nötige Bildbearbeitung. Der direkte Vergleich zum sonst üblichen JPG-Format macht die enorme Überlegenheit des RAW-Formats deutlich. Bei manchen Smartphones ist die vorinstallierte Kamera-App nicht imstande, Fotos im RAW-Format abzuspeichern, sehr wohl aber andere, nachträglich installierbare Kamera-Apps. Das gilt es vor einer Neuanschaffung zu recherchieren.

Zurückhaltung ist angebracht bei der Bewertung von bekannten Herstellernamen aus der Fotobranche, die zuweilen auf den Kameramodulen von Smartphones zu lesen sind. Sei es Zeiss, Leica oder Hasselblad: Diese renommierten Marken haben meist keinen Beitrag zur Entwicklung der Kamerahardware eines Smartphones geliefert, sondern allenfalls ihre Expertise in die Nachbearbeitung der Bilddaten investiert. Zuweilen auch in die Möglichkeiten und Bedienbarkeit der Kamera-Apps, was nicht unbedingt zu besseren Fotos führt, aber die Freude im Umgang mit einem Fotohandy steigern kann.

DER SENSOR IST DAS SAHNESTÜCK

Tendenziell von wesentlich größerer Bedeutung sind die Abmessungen des verbauten Bildsensors in der Handykamera. Aus physikalischen Gründen gilt hier: Je größer, desto besser. Beim iPhone 4 aus dem Jahr 2010 kam in der Kamera ein 4,54 × 3,42 mm großer Bildsensor zum Einsatz. Den derzeitigen Größenrekord halten Smartphones verschiedener Hersteller mit einem Bildsensor, der 12,8 × 9,3 mm groß ist! Solltest du also vor der Wahl stehen, würde ich im Zweifelsfall zu einem Gerät mit dem größeren Bildsensor tendieren, wenn es um die Potenz hinsichtlich der Fotografie bei schlechten Lichtverhältnissen geht.

WOZU EIN „ROHBILD"?

Aufnahmen im RAW-Format werden später mit einer Fotosoftware „entwickelt" und bieten viel mehr Spielraum zwischen Licht und Schatten, als es fertige Bilder im JPG-Format erlauben würden.

Fotokameras für Astrofotografie

Im Unterschied zu den Handys muss es nicht gleich das Top-Modell sein: jede halbwegs aktuelle Kamera mit geeignetem Objektiv ist in der Lage, gute Aufnahmen des Sternenhimmels zu machen. Doch wo liegen die Unterschiede zwischen den einzelnen Modellen?

Wer mit Abstrichen leben kann, mag mit einer digitalen Spiegelreflexkamera Baujahr 2007 erste gute Erfahrungen am Nachthimmel sammeln. Ab diesem Zeitpunkt setzte sich bei den angebotenen Modellen die „Live-View"-Funktion durch, was bei der kritischen Scharfeinstellung enorm hilfreich ist. Aber Hand aufs Herz: Zehn Jahre sind für eine Digitalkamera bereits ein stolzes Alter. Noch ältere Kameras haben mehr oder weniger große Einschränkungen, was die Tauglichkeit für die Nachtfotografie betrifft. Neuere Modelle können hingegen mit deutlichen Verbesserungen aufwarten.

Auch bei Fotokameras spielen die Abmessungen des Bildsensors eine entscheidende Rolle. Je größer, desto besser. Bei wenig Licht entscheidet in erster Linie die Fläche des Aufnahmesensors, wie akkurat die Aufzeichnung gelingt. Im Vergleich zu den Smartphones reden wir über zum Teil erheblich größere Sensoren, die in den Fotokameras verbaut sind. Daher werden sie, bei korrekter Handhabung, bei Nacht die besseren Resultate liefern.

GRÖSSERER SENSOR MACHT BESSERE BILDER

Um diesen Vorteil auszuspielen, sollte der Sensor der Fotokamera natürlich spürbar größer sein als der in einem Smartphone. Die Untergrenze möchte ich hierbei bei dem sogenannten „Micro Four Thirds"-Format ansetzen, so werden Bildsensoren mit den Abmessungen 17,3 × 13 mm genannt. Namentlich sind es die Hersteller Olympus/OM System, Panasonic und Sony, die solche Sensoren einsetzen. Deutlich mehr Fläche bieten Sensoren im „APS-C"-Format, die etwa 25 × 16,7 mm groß sind. Sie finden sich unter anderen in zahllosen Modellen der Hersteller Canon, Fuji, Nikon, Pentax oder Sony. Als „Vollformat" werden Sensoren bezeichnet, die 36 × 24 mm groß sind. Kameras mit Vollformatsensoren stammen von Canon, Nikon, Leica, Panasonic, Pentax, Sony, um nur Beispiele zu nennen. Das Vollformat ist nicht das Ende der Fahnenstange, auch wenn die Bezeichnung dies suggeriert – es entspricht lediglich dem früher geläufigen Kleinbildfilm. Mit noch größeren Sensoren betreten wir das Feld der digitalen „Mittelformatkameras", deren Sensorgrößen zwischen 44 × 33 mm und 54 × 40,4 mm schwanken. Der Anschaffungspreis für eine solche Kamera liegt allerdings im Bereich zwischen dem eines Luxus-E-Bikes und eines Mittelklasse-PKWs. Aus der Bedeutung der Sensorgröße lässt sich ableiten, warum Bridge- und Kompaktkameras eher kritisch zu sehen sind. Deren Sensorgrößen liegen kaum über denen guter Smartphones und bieten daher kein Verbesserungspotenzial. Aber so ganz absolut darf man auch das nicht sehen, stets lohnt der genauere Blick auf die technischen Daten. Demnach bietet eine moderne Kompaktkamera mit 13,2 × 8,8 mm großem Sensor und einem lichtstarken Zoom-Objektiv durchaus Potenzial, eine zehn Jahre alte Bridge-Kamera mit 6,4 × 4,6 mm kleinem Sensor und lichtschwachem „Superzoom"-Objektiv eher nicht. Wer vor dem Kauf steht, sollte eine Kamera mit einem Sensor im Vollformat oder zumindest APS-C-Format ins Auge fassen. Die exakte Sensorgröße findet sich normalerweise in der Tabelle „Technische Daten" zur jeweiligen Kamera. Lediglich bei kleineren Sensoren wird oft durch eine kryptische Umschreibung der Sensorgröße versucht, die Winzigkeit des Sensors zu kaschieren. Die Tabelle auf Seite 16 übersetzt diese Angaben in verständliche Zahlen.

Der Wintersternhimmel mit einer Nikon D200 (Baujahr 2005) aufgenommen.

Die gleiche Szene rund um den Orion, aufgenommen mit einer Nikon Z6II (Baujahr 2020).

Spiegelreflexkamera und spiegellose Systemkamera im Vergleich.

DIE SPIEGELREFLEXKAMERA IST NICHT MEHR DAS NONPLUSULTRA

Wertet man also die Sensorgröße und das Kameraalter als wichtige Faktoren, tritt die Frage, ob es nun eine Spiegelreflexkamera oder eine spiegellose Kamera sein sollte, in den Hintergrund. Unterschiede zwischen beiden Kamerasystemen betreffen eher das Handling und haben keinen oder wenig Einfluss auf die Qualität der Fotos. Die Tabelle rechts listet einige Vor- und Nachteile beider Systeme auf. Wenn du eine Neuanschaffung im Auge hast, würde ich zu einem spiegellosen Modell raten, um in ein zukunftsträchtiges System zu investieren, während das Ende der

SENSORTYPEN UND DEREN ABMESSUNGEN

Bezeichnung	Breite [mm]	Höhe [mm]	Seitenverhältnis
1/1,7" (Huawei P30 Pro)	7,5	5,6	4:3
1/1,5" (Sony Lumia 1020)	8,5	6,4	4:3
1/1,43" (Sony IMX789)			4:3
1" (Xiaomi 13 Pro)	12,8	9,6	4:3
Micro-Four-Thirds/FT	17,3	13,0	4:3
3/2"	19,2	14,4	4:3
APS-H	27,9	18,6	3:2
APS-C (Nikon DX)	23,5	15,7	3:2
APS-C (Canon)	22,5	15,0	3:2
Vollformat	35,8	23,9	3:2

SPIEGLEIN, SPIEGLEIN JA ODER NEIN?

	Spiegellose	Spiegelreflex
Vorteile	• Sucher (EVF = Electronic Viewfinder) zeigt fast das fertige Foto • Belichtungseinstellungen werden im Sucher simuliert • Genauere Scharfeinstellung möglich • Erschütterungslose Auslösung möglich • Einfache Adaption von Fremdobjektiven • Starke Weitwinkelobjektive mit besserer Abbildungsqualität • Kameras kompakter und leichter	• Viele Fotos pro Akkuladung, da der Sucher ohne Strom auskommt • Riesiges, historisch gewachsenes Angebot an Zubehör, z. B. Objektive • Live-View-Funktion stellt einen „elektronischen Sucher“ dar
Nachteile	• Hoher Stromverbrauch • Sensorerwärmung durch Dauerbetrieb • Bildsensor sehr exponiert (Beschädigungsgefahr)	• Einstellung der Bildschärfe im optischen Sucher nicht mit der nötigen Genauigkeit möglich • Erschütterungen durch Spiegelschlag und Verschlussablauf meist nicht zu unterdrücken

Spiegelreflexkamera eine von der Fotoindustrie bereits beschlossene Sache ist.

Kameras ohne Spiegel werden im Handel oft als „Systemkamera“ bezeichnet, doch das ist nicht ganz richtig. Für eine „Systemkamera“ ist ein System aus Zubehörteilen verfügbar, beispielsweise Wechselobjektive. Auch die Spiegelreflexkameras sind „Systemkameras“, eben solche mit Spiegel. Dem gegenüberzustellen ist die „spiegellose Systemkamera“ mit einem elektronischen anstelle eines optischen Suchers.

Um einer möglichst breiten Palette unterschiedlicher Motive gerecht zu werden, sind Wechselobjektive von großem Vorteil. Die Flexibilität, die sich durch ein auswechselbares Objektiv ergibt, ist durch ein fest verbautes Zoom-Objektiv nicht zu erreichen.

Dass es bei einer Kamera möglich sein muss, den Fokus (die „Entfernung“) und die Belichtung auf einfache Weise selbst einzustellen, versteht sich von selbst. Allenfalls bei sehr einfachen Modellen solltest du diesbezüglich die Ausstattungsdetails genau anschauen.

Objektive mit Festbrennweite sind zur Astrofotografie besser geeignet als Zoom-Objektive.

Objektive: die Augen der Kameras

Während die Kamera das Bild aufzeichnet, kommt dem Objektiv eine mindestens ebenso große Bedeutung zu, denn es sorgt für die Bildentstehung. In der Astrofotografie besonders wichtig ist dabei die Lichtstärke.

Jedes Fotoobjektiv verfügt über Eigenschaften, die auf dem Objektiv ablesbar angebracht sind und die darüber entscheiden, welche Motive sich dafür eignen und wie die Chancen stehen, damit sehenswerte Aufnahmen dieser Motive zu erhalten. Werfen wir einen Blick auf diese Kennzahlen:

BRENNWEITE

Ein Objektiv enthält zwar mehrere Linsen, doch deren Wirkung entspricht in der Summe einer Sammellinse. Sammellinsen haben einen Brennpunkt und eine Brennweite. Die Brennweite ist der Abstand der Linse zum Brennpunkt. Für uns eher relevant ist, dass die Brennweite den erfassten Bildwinkel bestimmt. Eine kurze Brennweite führt zu einem großen Bildwinkel („Weitwinkel"). Bei langen Brennweiten („Tele") ist das erfasste Bildfeld, der Bildwinkel demnach kleiner.
Die Brennweite wird in Millimetern (mm) angegeben, z. B. „24 mm". Weit verbreitet sind Objektive mit stufenlos veränderbarer Brennweite, sogenannte Zoomobjektive, z. B. „18–55 mm".

Brennweite und Lichtstärke, also die maximale Blendenöffnung, sind auf jedem Objektiv angegeben.

BILDWINKEL

Um den tatsächlich erfassten Bildwinkel zu erfahren, den eine bestimmte Brennweite liefert, muss noch die Größe des Bildsensors berücksichtigt werden. Je kleiner der Bildsensor ist, desto kleiner ist auch der Bildwinkel, den ein bestimmtes Objektiv erfasst. Dies führt zu der Situation, dass z. B. ein Objektiv mit 28 mm Brennweite in Verbindung mit einem Vollformat-Sensor ein Weitwinkelobjektiv darstellt. Schließt man das gleiche Objektiv an einer Kamera mit einem Sensor im APS-C-Format an, schrumpft der Bildwinkel und es wäre vergleichbar mit 50 mm Brennweite an einer Vollformat-Kamera. In einem Smartphone wäre ein 28-mm-Objektiv bereits ein starkes Tele mit entsprechend kleinem Bildwinkel! Um dir den Zusammenhang von Brennweite und Sensorgröße hinsichtlich des Bildwinkels am Nachthimmel vor Augen zu führen, kannst du das Programm *Stellarium* nutzen.

BILDWINKEL IN STELLARIUM

1. Klicke auf das Schraubenschlüssel-Symbol in der rechten oberen Bildschirmecke.

2. 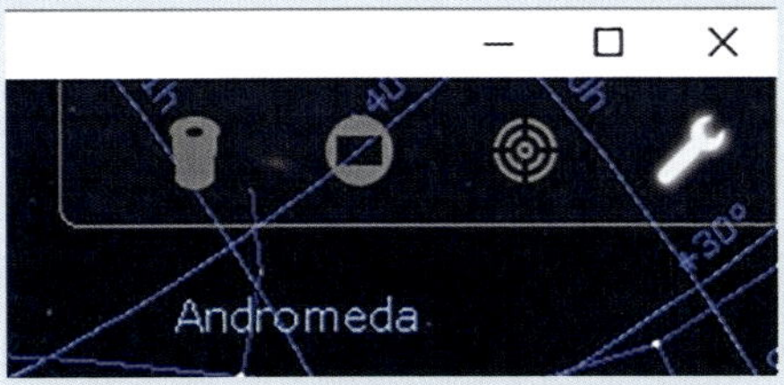

3. Klicke auf die Registerkarte „Sensoren" und trage, sofern nicht bereits vorhanden, zwei Kameras mit unterschiedlich großen Sensoren ein: Eine mit 36 x 24 mm großem Sensor und eine mit 25 x 16,6 mm großem Sensor. Trage nur Werte ein bei „Name", „Chipbreite (mm)" und „Chiphöhe (mm)". Die anderen Angaben sind hier nicht von Belang.

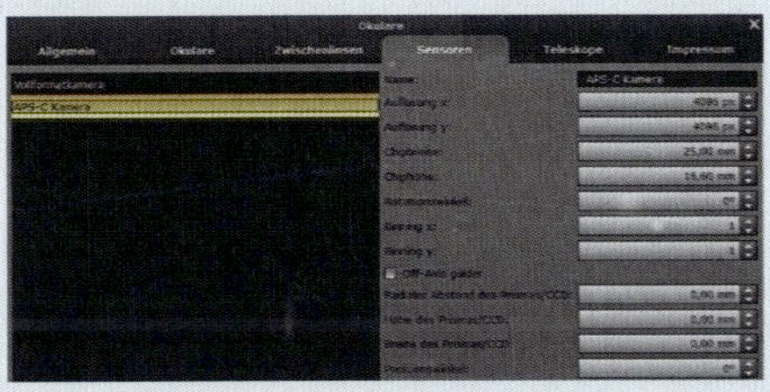

4. Erfasse zwei Objektive, indem du auf die Registerkarte „Teleskope" klickst (typische Brennweiten sind in der Grundeinstellung bereits vorhanden).

5. Vergebe die Namen und die Brennweiten, z. B. 24 mm und 50 mm. Das Feld „Durchmesser" ist hier nicht von Belang.

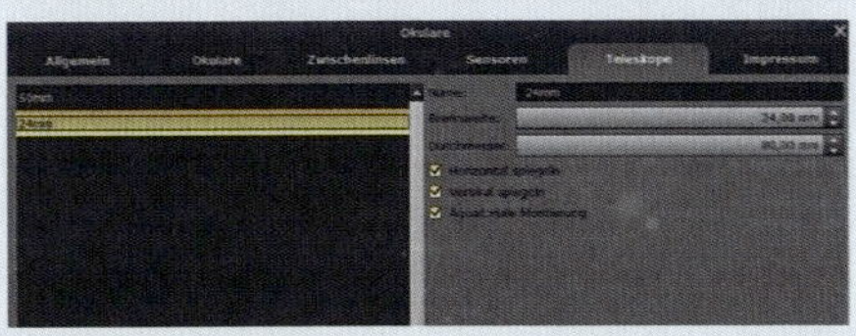

6. Schließe das Dialogfeld.

7. Blende durch einen Klick auf das entsprechende Symbol den „Bildsensor-Rahmen" ein.

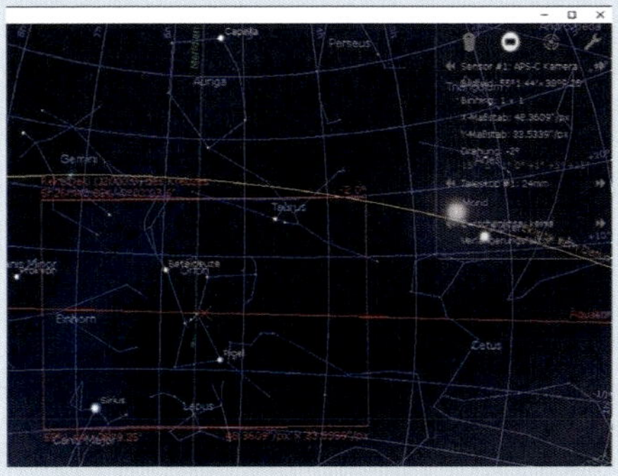

8. Nun bekommst du das von der jeweiligen Kamera mit dem ausgewählten Objektiv erfasste Bildfeld als roten Rahmen am Sternenhimmel angezeigt.

9. Durch Klicken auf die grauen Doppelpfeile links und rechts neben „Sensor" kannst du die verwendete Kamera ändern.

10. Durch Klicken auf die grauen Doppelpfeile links und rechts neben „Teleskop" kannst du das verwendete Objektiv ändern.

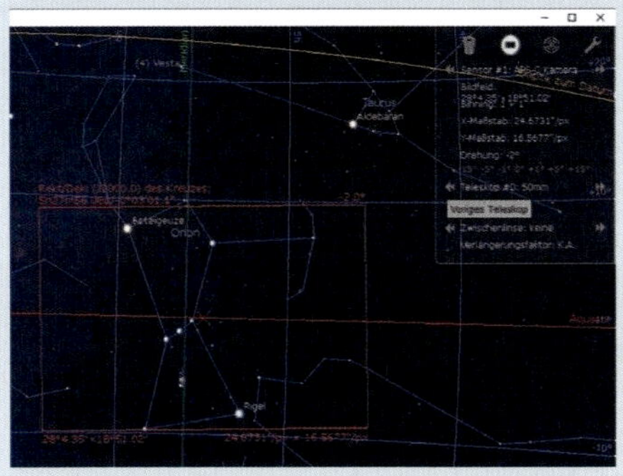

11. Beobachte, wie sich ein Wechsel der Sensorgröße und ein Wechsel der Objektivbrennweite auf das Bildfeld auswirkt.

12. Durch einen weiteren Klick auf das Symbol „Bildsensor-Rahmen" kannst du die Anzeige des Bildfeldes wieder ausschalten.

Die Angaben auf dem Objektiv bedeuten hier eine Brennweite von 20 mm und eine maximale Lichtstärke von 1:1,4.

LICHTSTÄRKE

Nicht nur die Brennweite, sondern auch die sogenannte Lichtstärke ist als physikalische Eigenschaft auf einem Fotoobjektiv vermerkt. Sie beschreibt, wieviel Licht das Objektiv sammelt. Für Nacht- und Astrofotografen sind naturgemäß lichtstarke Objektive von Vorteil, weil nicht viel Licht zur Verfügung steht. Als Lichtstärke wird die größtmögliche Blendenöffnung bezeichnet. Die Blendenöffnung wiederum ist eine Verhältniszahl und es gilt der Zusammenhang: Je kleiner die Zahl, desto größer ist die Blendenöffnung. Ein Objektiv mit der Lichtstärke 2 ist daher lichtstärker als eines mit 2,8. Eine hohe Lichtstärke ist insbesondere bei nicht sehr hellen, beweglichen Motiven von Interesse, etwa bei einem Nordlicht. Die hohe Lichtstärke hilft, die Belichtungszeit kurz zu halten und vermeidet so Unschärfen, die bei langen Belichtungszeiten durch Eigenbewegungen des Motivs unvermeidbar wären. Mehr zur Blende und der Belichtungszeit findet du im Kapitel „Belichtung“ ab Seite 20.

STÖRLICHTBLENDE

Die Aufgabe der Störlichtblende (auch Gegenlichtblende oder Sonnenblende genannt) besteht darin, seitlich auf die Frontlinse auftreffendes Licht abzuschirmen, denn Reflexe durch unerwünschtes Licht können eine Aufnahme stark beeinträchtigen oder gar ruinieren. Zudem stellt die Störlichtblende einen mechanischen Schutz der Frontlinse dar. Gerade nachts passiert es schnell, dass du mit der Frontlinse irgendwo anstößt, sie verschmutzt oder beschädigt wird. Störlichtblenden sind auf die unterschiedlichen Bildwinkel der Objektive abgestimmt. Daher musst du, falls keine Störlichtblende im Lieferumfang deines Objektivs enthalten war, beim Kauf auf die für dein Objektiv passende und optimierte Störlichtblende achten.

FILTER

Die dauerhafte Verwendung sogenannter „Schutzfilter“ vor der Frontlinse kann ich nicht empfehlen. Gerade bei der Nacht- und Astrofotografie wächst bei Verwendung von Filtern die Gefahr, dass helle Lichtquellen auf dem Foto „Geisterbilder“ hervorrufen. Ein helles Objekt erscheint dann auf dem Foto nicht nur an seiner ursprünglichen Stelle, sondern an anderer Position noch einmal als Spiegelung.

SONSTIGE FEATURES

Fotoobjektive können mit zusätzlichen Merkmalen ausgestattet sein, die in der vollständigen

Störlichtblenden fallen je nach Objektivtyp sehr unterschiedlich aus.

Alle technischen Merkmale sind auf dem Objektiv angegeben, hier am Beispiel eines Zoom-Objektivs mit 24–85 mm Brennweite.

Auch Objektive ohne Autofokus und Bildstabilisator können sehr gut zur Astrofotografie geeignet sein.

Objektivbezeichnung angegeben werden. Wesentliche Merkmale und ihre Bedeutung für die Nacht- und Himmelsfotografie sind:

Bildstabilisator

Ermöglicht Freihandaufnahmen mit längeren Belichtungszeiten. Üblicherweise kommt bei der nächtlichen Himmelsfotografie ein Stativ zum Einsatz, so dass ein Bildstabilisator wenig Nutzen bringt.

Asphärisch/Asph.

Eine oder mehrere Linsenoberflächen stellen nicht den Teil einer perfekten Kugel dar, sondern sind unregelmäßig, zum Teil wellenförmig geformt. Dadurch können Abbildungsfehler in den Bildecken, also auch die Abbildung von Sternen, verbessert werden. Manchmal dienen Linsen mit asphärischen Oberflächen aber auch nur dazu, ein Objektiv mit weniger Linsen und dadurch preiswerter herstellen zu können.

Apochromatisch/Apo/ED

Bezeichnungen dieser Art weisen darauf hin, dass eine oder mehrere Linsen des Objektivs aus speziellem optischem Glas bestehen. Dadurch sollen Probleme bei der Farbwiedergabe vermieden werden, die ansonsten dazu führen, dass zum Beispiel um helle Sterne herum ein blauer Hof entsteht. Gelingt die Korrektur dieses „Farbfehlers", ist das für Aufnahmen des Sternenhimmels ein großer Gewinn.

Autofokus/AF

Die automatische Scharfeinstellung ist heutzutage Standard. Doch am Nachthimmel versagt dieser oft seinen Dienst, so dass auf einen Autofokus im Objektiv bei der Astrofotografie gut und gerne verzichtet werden kann.

Innenfokussierung/IF

Während ein klassisches Objektiv durch Verschieben des kompletten Linsenkörpers scharfgestellt wird, bewegen sich bei der Innenfokussierung nur wenige Linsen im Inneren des Objektivs. Für die Astrofotografie ist das ohne Belang.

Wie du an dieser Liste erkennen kannst, sind etliche Features moderner Objektive bei Aufnahmen des Sternenhimmels entbehrlich. Aber sie wirken sich massiv auf den Kaufpreis aus. Wenn du den Neukauf eines Objektivs in Erwägung ziehst, welches ausschließlich oder vorwiegend für die nächtliche Himmelsfotografie eingesetzt werden soll, kannst du viel Geld sparen, wenn du ein Objektiv ohne diese teuren Eigenschaften erwirbst. Noch immer gibt es Objektive zu kaufen, die keinen Autofokus, keinen Bildstabilisator und auch keine Innenfokussierung haben. Die Abbildung von Sternen leidet darunter überhaupt nicht.

Aufstellen und Auslösen

Aufnahmen des Sternenhimmels müssen mindestens einige Sekunden lang belichtet werden. Das gelingt selbst dem ruhigsten Menschen nicht, ohne das Bild zu verwackeln. Der beste Freund des Astrofotografen ist daher ein stabiles Stativ.

SOLIDE DREIBEINE

Im Zeitalter moderner Smartphones und effizienter Bildstabilisatoren wird auch ohne Stativ die ein oder andere Aufnahme gelingen. Doch ein Stativ ermöglicht zuverlässig längere Belichtungszeiten, ohne dass Erschütterungen der Kamera verwackelte Fotos zur Folge haben.
Dein Stativ sollte so stabil sein, dass es die Kamera mit deinem schwersten Objektiv vibrationsfrei tragen kann, auch wenn der Wind kräftig weht. Andererseits darf es nicht so schwer und groß sein, dass du es als Belastung empfindest. Ein kleines, handliches Stativ, was dennoch stabil ist und große Lasten tragen kann – das klingt nach der „Quadratur des Kreises" und wird auf einen Kompromiss hinauslaufen. Weitere wichtige Punkte, wenn es um Stative geht:

Stabilität

Die Stabilität von Stativen wird mit Leichtmetallen, Carbon oder Holz besser erreicht als mit Kunststoffen. Daher beim Neukauf auf eine wertige Mechanik achten, ansonsten kann das Stativ seine Aufgabe nicht erfüllen.

Stativkopf

Hier musst du entscheiden, ob du einen Kugelkopf oder einen klassischen 3D-Kopf verwenden möchtest. Beide haben ihre Vor- und Nachteile. Auch wenn es unterschiedliche Ansichten geben mag,

Kompaktes Fotostativ mit Kugelkopf und Schnellwechselsystem

1

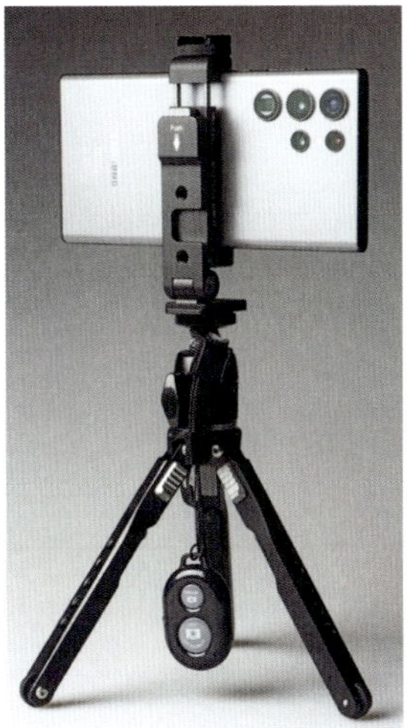

2

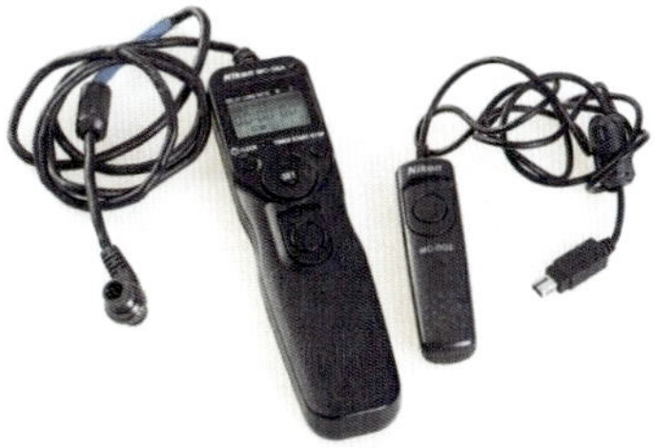

3

4

1. Kompakt und doch stabil: ein Ministativ ist immer dabei
2. Smartphone mit Bluetooth-Fernauslöser auf Ministativ
3. Kabelauslöser, links mit Timer-Funktion
4. Bluetooth-Auslöser für das Handy

empfehle ich einen guten Kugelkopf. Er ermöglicht dir einen schnellen Wechsel von Quer- auf Hochformat und ist intuitiv in der Handhabung.

Schnellwechselsystem

Bei Nacht eine kleine Stativschraube in das Kameragewinde zu drehen, das kann fummelig sein und viel Zeit kosten. Daher rate ich zu einem Schnellwechselsystem, bei dem eine Montageplatte an der Kamera verbleibt. So kann die Kamera mit wenigen Handgriffen zuverlässig auf das Stativ aufgesetzt werden.

Smartphone-Halterung

Um ein Fotohandy auf einem Stativ zu montieren, muss eine entsprechende Halterung verwendet werden. Manche davon verfügen über einen Mechanismus zum Wechsel von Quer- auf Hochformat. Um Stabilität auch bei Wind zu gewährleisten, sind Metallkonstruktionen bedeutend besser als solche aus Kunststoff.

Maximale Auszugshöhe

Das Stativ sollte eine Kamera zumindest in Augenhöhe fixieren können, um ein bequemes Arbeiten zu gestatten.

Ministativ

Kleine Stative können eine enorme Tragkraft haben und finden in jeder Fototasche Platz. Wenn es auf dem Erdboden steht, ist zwar eine komfortable Bedienung kaum noch möglich, doch ein Tisch, eine Mauer oder eine Fensterbank ist als Plattform schnell gefunden. Und wenn alle Stricke reißen, kann man es an einen Baumstamm oder gegen eine Hauswand drücken.

FERNAUSLÖSER

Um Verwacklungen beim Auslösen zu vermeiden, verwendet man einen Kabel- oder Fernauslöser. Kabellose Fernsteuerungen haben den Nachteil, dass in dem Handgerät eine Batterie oder ein Akku enthalten ist, die sich entleeren oder bei niedrigen Temperaturen ihre Spannung verlieren können. Für Handys werden meist kabellose Fernauslöser angeboten, die mit dem Smartphone über eine Bluetooth-Verbindung gekoppelt werden.
In Notfällen kannst du den Selbstauslöser mit einer geringen Vorlaufzeit (z. B. zwei Sekunden) verwenden, um Verwacklungen zu verhindern.

Richtig belichten bei Dunkelheit

Was tagsüber die Belichtungsautomatik erledigt, muss man nachts von Hand einstellen. Je nach Motiv und Situation geht es darum, die optimale Kombination aus Belichtungszeit, Objektivblende und ISO-Empfindlichkeit zu finden.

Mit der nächtlichen Himmelsfotografie werden Grenzbereiche erschlossen, für die handelsübliche Kameras und Handys primär nicht vorgesehen sind. Eine Belichtungsautomatik benötigt eine gewisse Mindesthelligkeit, um zuverlässig zu funktionieren. Wird, wie in vielen Situationen der Sternenfotografie, diese Mindesthelligkeit unterschritten, solltest du die Belichtung selbst einstellen. Dazu gibt es drei verschiedene Parameter, die aufeinander abzustimmen sind:

Einstellrad für die Belichtungszeit an einer Kamera

1. BELICHTUNGSZEIT

Längere Belichtungszeiten erzeugen hellere Fotos, bergen aber auch die Gefahr, dass bei Freihandaufnahmen ohne Stativ ein Bild verwackelt. Normalerweise zeigt die Kamera von der Belichtungszeit nur den Nenner eines Bruchs als einzelne Zahl an, also den Sekundenbruchteil. Die Anzeige 60 bedeutet dann 1/60 Sekunde. Bei sekundenlangen Belichtungen wird das Gänsefüßchen verwendet, die Anzeige 4" steht demnach für eine Belichtungszeit von vier Sekunden. Der Buchstabe B wird für beliebig lange Belichtungszeiten angezeigt. Belichtet wird dann so lange, wie der Auslöser gedrückt bleibt. Auch wenn Kameras Zwischenwerte anzeigen, ist es keine schlechte Idee, sich die folgende Reihe von typischen Belichtungszeiten einzuprägen:

1/8000, 1/4000, 1/2000, 1/1000, 1/500, 1/250, 1/125, 1/60, 1/30, 1/15, 1/8, ¼, ½, 1", 2", 4", 8", 15", 30", B

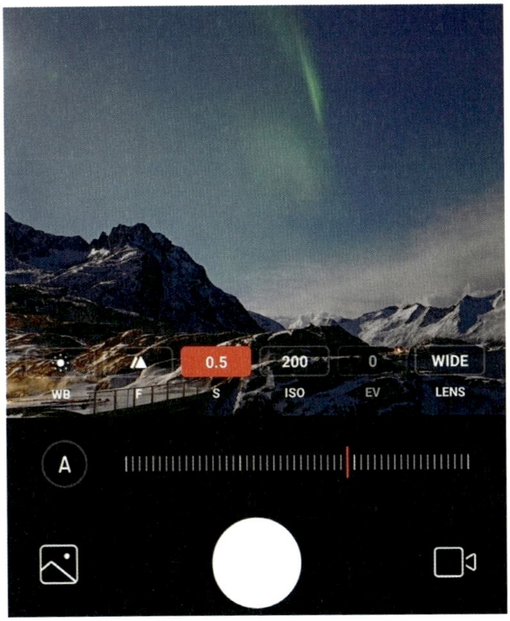

Einstellen der Belichtungszeit mit der Kamera-App

Diese Reihe beginnt links bei sehr kurzen Belichtungszeiten. Jeder weitere Wert rechts davon bedeutet eine Verdopplung der Belichtungszeit. Die Schrittweite von einem Wert zum nächsten wird EV genannt, das steht für „Exposure Value", übersetzt „Belichtungsstufe" Die Abkürzung EV taucht in den Menüs und Anzeigen mancher Kameras und Handys auf. Wird die Belichtungszeit um einen Wert dieser Reihe verstellt, zum Beispiel von 1/125 auf 1/60, bedeutet das eine Änderung von einem Belichtungswert (+1 EV), die Belichtungszeit verdoppelt sich. Wird die Belichtungszeit von 1/8 auf 1/30 verstellt, sind das zwei Belichtungsstufen (–2 EV), die Belichtungszeit wird auf ein Viertel des ursprünglichen Wertes reduziert (die Hälfte von der Hälfte). Die bei der nächtlichen Himmelsfotografie üblichen Belichtungszeiten bewegen sich im Bereich von einer bis 30 Sekunden.
Um die Belichtungszeit bei einem Fotohandy einstellen zu können, muss die Kamera-App über einen Modus „Nacht" oder „Pro" verfügen.

LANGE BELICHTUNGSZEITEN NICHT WÄHLBAR?

Immer wieder bekomme ich Kameras in die Hände, bei denen die maximal einstellbare Belichtungszeit auf eine Sekunde begrenzt ist, obwohl laut Anleitung längere Belichtungszeiten möglich sein sollten. Praktisch in allen Fällen ist ein aktivierter elektronischer Verschluss die Ursache. Im Kameramenü muss der Eintrag „Verschlusstyp" gefunden und von „elektronisch" auf „mechanisch" umgestellt werden. Dabei kann es vorkommen, dass der Menüpunkt „Verschlusstyp" zwar existiert, aber nicht anwählbar ist. Dann muss zuvor der Punkt „Lautloser Modus" im Kameramenü gefunden und ausgeschaltet werden. Anschließend lässt sich der Verschlusstyp auf „mechanisch" ändern, und danach können längere Belichtungszeiten eingestellt werden. Bei anderen Kameramodellen ist die längste einstellbare Belichtungszeit abhängig vom eingestellten ISO-Wert: Je höher der gewählte ISO-Wert ist, desto kürzer ist die längste einstellbare Belichtungszeit.

2. BLENDE

Die Blende befindet sich innerhalb des Objektivs und steuert die Lichtmenge, die durch das Objektiv fällt. Das Öffnen der Blende wird als „Aufblenden", das Schließen der Blende als „Abblenden" bezeichnet. Wird die größtmögliche Blendenöffnung verwendet, arbeitet das Objektiv so, als hätte es gar keine eingebaute Blende. Man spricht dann von der „Offenblende".
Der Blendenwert drückt sich in einer Verhältniszahl aus, die den Quotienten aus Brennweite und freier Öffnung beschreibt. Beträgt die Objektivbrennweite beispielsweise 200 mm und der Objektivlinsendurchmesser 50 mm, ergibt sich ein Öffnungsverhältnis, eine Blende von 1:4. Die Anzeige von Kameras beschränkt sich auf den Nenner: 5,6 bedeutet also 1:5,6.

Auch bei der Blende zeigen die Kameras viele Zwischenwerte an, doch merken sollte man sich die folgenden Zahlen, die einen Ausschnitt aus der international genormten Blendenreihe bilden:

22 • 16 • 11 • 8 • 5,6 • 4 • 2,8 • 2 • 1,4 • 1

Diese Blendenreihe beginnt links bei kleinen Blendenöffnungen, was bedeutet, dass bei Blende 1:22 nur sehr wenig Licht durch das Objektiv hindurchkommt. Wird auf 16 aufgeblendet, vergrößert sich die Blendenöffnung und doppelt so viel Licht wird vom Objektiv durchgelassen. Das heißt, auch bei der Blendenreihe entspricht die Schrittweite einem EV, einer Belichtungsstufe. Springt man in der Reihe von einem Blendenwert nach rechts zum nächsten, zum Beispiel von 5,6 zu 4, wird doppelt so viel Licht durch das Objektiv gelassen (+1 EV) und das entstehende Foto wird doppelt so hell (wenn die beiden anderen Belichtungsparameter unverändert bleiben). Wird die Blende um zwei Belichtungsstufen verändert, zum Beispiel von 5,6 auf 11 (–2 EV), entsteht ein dunkleres Foto, weil nur noch ein Viertel des Lichts den Bildsensor erreicht.

An mechanischen Objektiven wird der Blendenwert direkt am Objektiv eingestellt.

Eine große Blendenzahl bedeutet eine kleine Blendenöffnung. Eine kleine Blendenzahl entspricht einer großer Blendenöffnung. Daher ist eine Aussage wie „Das Foto wurde mit einer großen Blende gemacht" nicht eindeutig. Besser ist es, stets von der Blendenzahl oder der Blendenöffnung zu sprechen, um Missverständnisse zu vermeiden.
Zur Erinnerung: Die größte Blendenöffnung, also die kleinste Blendenzahl, die man einem Objektiv einstellen kann, ist dessen Lichtstärke. An einem Objektiv mit der Lichtstärke 1:2,8 lässt sich keine größere Blendenöffnung, etwa 2, einstellen, sehr wohl aber kleinere; 4/5, 6/8 und so weiter.
Bei vielen Zoomobjektiven ist die Lichtstärke nicht konstant und hängt von der eingestellten Brennweite ab. Auf solchen Zooms wird dann der Bereich angegeben, in dem die Lichtstärke schwankt, zum Beispiel 1:3,5–5,6. Eine solche Angabe bedeutet nicht, dass sich die Blende nur im Bereich von 3,5 bis 5,6 verstellen lässt! Vielmehr wird damit ausgedrückt, dass das Zoom bei der kürzesten einstellbaren Brennweite (in Weitwinkelstellung) die Lichtstärke 3,5 bietet. Zoomt man es in den langbrennweitigen Bereich, verschlechtert sich die Lichtstärke bis hin zu 5,6 bei der längsten einstellbaren Brennweite (in Telestellung). In beiden Fällen sind Abblendungen auf zum Beispiel 8, 11 und 16 problemlos möglich. Möchte man bei wenig Licht fotografieren, sind große Blendenöffnungen von Vorteil. Astrofotos entstehen daher meistens mit Blenden zwischen 1,4 und 4, je nachdem, wie lichtstark das verwendete Objektiv ist. Objektive, die lichtstärker sind als 1:1,4, sind exotisch und oft kostspielig.
In der Alltagsfotografie wird mit der Blende die Schärfentiefe gesteuert, das ist die Schärfe unterschiedlich weit entfernter Motive. Genau betrachtet bildet ein Objektiv nämlich nur Objekte scharf ab, die sich in einer Ebene befinden, die parallel zum Bildsensor orientiert ist und sich in einer einstellbaren Entfernung von diesem befindet. Nähere oder weiter entfernte Objekte werden unscharf abgebildet. Schließt man die Blende, wächst die Schärfen-

tiefe an und auch nähere und weiter entfernte Motive geraten in den Bereich der Schärfentiefe.
Doch es gibt eine Distanz, ab der von „Unendlich" die Rede ist und ab der keine Unterscheidung zwischen dem anvisierten und einem noch viel weiter entfernten Motiv mehr getroffen werden muss. Diese Entfernung wird „Hyperfokaldistanz" genannt und hängt von mehreren Faktoren ab. Auf der Webseite

www.dofmaster.com/dofjs.html

kann sie leicht ermittelt werden, wenn man seine Kamera (nur die Sensorgröße ist entscheidend), die Brennweite und die Blende des verwendeten Objektivs angibt. Für eine Kamera mit Vollformatsensor und einem 35-mm-Objektiv bei Blende 2 wird die Hyperfokaldistanz mit 20,5 Metern berechnet. Dies bedeutet, dass die Kamera, was die Scharfeinstellung angeht, nicht zwischen Motiven unterscheidet, die 20,5, 200, 20.000 Meter oder zwei Lichtjahre entfernt sind. Alle diese Entfernungen stellen für die Kamera „Unendlich" dar. Aus diesem Grunde muss bei der Scharfeinstellung kosmischer Objekte auch nie unterschieden werden zwischen Nordlicht, Mond, Sonne, Planeten, Sternen und Galaxien.
Die meisten Smartphones verfügen nicht über eine verstellbare Blende im Objektiv. Demzufolge kann man, selbst im Pro-Modus, die Blende nicht einstellen.

3. ISO-WERT

Mit dem ISO-Wert wird die Lichtempfindlichkeit der Kamera eingestellt. Niedrige ISO-Werte bedeuten eine relativ geringe Lichtempfindlichkeit, hohe ISO-Werte eine entsprechend gesteigerte Lichtempfindlichkeit. Er wird in Ganzzahlen angegeben und angezeigt. Typische ISO-Werte sind:

100, 200, 400, 800, 1600, 3200, 6400, 12.800, 25.600 und 51.200

Wird der ISO-Wert verdoppelt, steigt auch die Lichtempfindlichkeit der Kamera um das Doppel-

Screenshot einer App zur Berechnung der Schärfentiefe

te. Die Abstufung der oben gezeigten ISO-Wertereihe beträgt also wiederum eine Belichtungsstufe (EV). Verändert man den ISO-Wert von 200 auf 400, wird das Foto heller, wenn die anderen Belichtungsparamater unverändert bleiben, weil sich die Lichtempfindlichkeit verdoppelt (+1 EV). Verringert man den ISO-Wert von 1600 auf 400, wird das Bild deutlich dunkler, weil die Lichtempfindlichkeit reduziert ist (–2 EV).
Nicht alle Kameras bieten als höchsten ISO-Wert 51.200 an. Bei manchen ist schon früher das Ende der Fahnenstange erreicht, während bei anderen sogar noch höhere Werte einstellbar sind. Unterhalb von 100 gibt es vielleicht noch „Low" und oberhalb des höchsten Wertes vielleicht noch „High". Damit werden niedrigste und höchste ISO-Werte durch Bildbearbeitung innerhalb der Kamera simuliert. In der Praxis spielen diese Extremeinstellungen keine Rolle.
Ein naheliegender Gedanke ist, dass in der Nacht- und Astrofotografie höchste ISO-Werte einzustellen sind, um von einer hohen Lichtempfindlichkeit zu profitieren. Je höher aber der ISO-Wert ist, desto schlechter ist die technische Bildqualität. Namentlich geht es um das „Bildrauschen", eine

Darstellung des Bildrauschens bei verschiedenen ISO-Werten. Das untere Bild mit hohem ISO-Wert zeigt deutliches Bildrauschen.

unregelmäßige und körnige Struktur, die die Wirkung eines Fotos stark beeinträchtigen oder zerstören kann. Bei niedrigen ISO-Werten ist davon noch nichts oder nur sehr wenig zu sehen, doch bei den höchsten einstellbaren ISO-Werten nimmt das Rauschen oft nicht mehr akzeptable Ausmaße an. Als Faustregel würde ich sagen, dass die beiden höchsten einstellbaren ISO-Werte in der Fotopraxis nicht verwendbar sind, die dritthöchste allenfalls in Notfällen, in denen man darauf angewiesen ist. Solltest du also eine Kamera benutzen, die als höchsten einstellbaren ISO-Wert 51.200 anbietet, stelle dich darauf ein, dass du damit und auch mit der Hälfte, ISO 25.600, kaum sehenswerte Ergebnisse erzielen wirst. Selbst ISO 12.800 wird noch ein ziemlich verrauschtes Foto ergeben, was in Ausnahmefällen aber hingenommen werden muss. Mit ISO 6400 fängt dann, bezüglich des Bildrauschens, vermutlich die Komfortzone der Kamera an. Andererseits wird es nicht gelingen, unsere Nacht- und Astrofotos mit ISO 100 zu belichten, nur um das Bildrauschen zu minimieren. Die Kamera wäre dann so unempfindlich für einfallendes Licht, dass man das mit sehr langen Belichtungszeiten kompensieren müsste, was wiederum andere Probleme auf den Plan ruft. Die Empfehlung für die Einstellung des ISO-Wertes lautet daher: So niedrig wie möglich und so hoch wie nötig. In der Astrofotografie übliche ISO-Werte liegen zwischen ISO 400 und ISO 12.800.

ZUSAMMENSPIEL DER BELICHTUNGSPARAMETER

Die korrekte Belichtung einer Fotografie ist sehr wichtig und wird durch eine richtige Kombination aus Belichtungszeit, Blende und ISO-Wert erreicht. Doch es gibt nicht nur eine einzige Kombination, die zur korrekten Belichtung führt, sondern du hast die Wahl zwischen vielen verschiedenen Kombinationen.

Wer das Zusammenspiel der Belichtungsparameter durchschaut, kommt schnell zu der Erkenntnis, dass ein niedriger ISO-Wert zwar rauscharme

MANUELLE BELICHTUNGSWAHL

Um die Belichtungsparameter an deiner Kamera alle frei einstellen zu können, wird der Modus „Manuell" (abgekürzt M) verwendet. Gleichzeitig muss die ISO-Automatik abgeschaltet sein. In diesem Modus bist du dann selbst für die korrekte Belichtung verantwortlich und die Kamera greift in deine Entscheidungen nicht ein. Fehlerhafte Einstellungen führen in der Folge zwangsläufig zu unterbelichteten, zu dunklen Fotos oder zu überbelichteten, die zu hell sind.

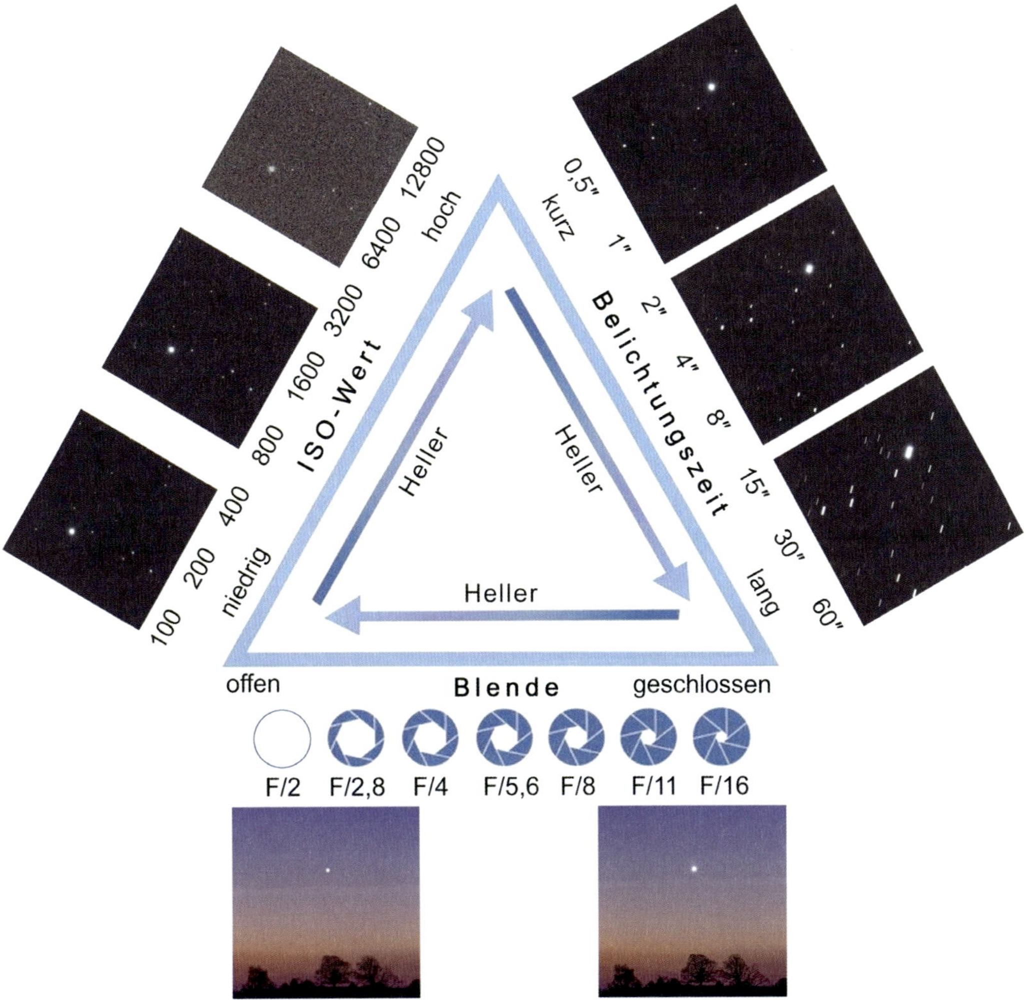

Das Zusammenspiel von Empfindlichkeit (ISO-Wert), Belichtungszeit und Objektivblende wird als „Belichtungsdreieck“ bezeichnet.

Fotos ermöglicht, gleichzeitig aber zu sehr langen Belichtungszeiten führen muss. Ewiges Belichten kann man sich oft gar nicht erlauben, weil durch Bewegungen des Motivs ansonsten Unschärfen entstehen. Ein in Bewegung befindliches Nordlicht beispielsweise würde nicht mehr detailliert abgebildet werden, sondern nur noch als verwaschener Schleier. Selbst punktförmige Sterne werden auf zu lang belichteten Fotos zu Strichen, weil sich der Himmel scheinbar um uns dreht (siehe Seite 50). Möchte man das verhindern, muss die Belichtungszeit verkürzt und zum Ausgleich der ISO-Wert angehoben werden. Die Wahl, welche Kombination aus Belichtungszeit, Blende und ISO-Wert für das Foto die beste ist, muss letztlich durch einen Kompromiss entschieden werden, bei dem zumindest hinsichtlich des Bildrauschens und der Bewegungsunschärfe Abstriche gemacht und Prioritäten gesetzt werden müssen.

Das Histogramm

Um die Belichtung eines Fotos zu beurteilen, solltest du nicht alleine der Bildrückschau auf dem Kameradisplay vertrauen, sondern dir unbedingt das Histogramm anzeigen lassen. Denn das Histogramm zeigt zuverlässig an, wie es um die Belichtung des Fotos bestellt ist.

Nehmen wir an, deine Kamera hat 24 Megapixel, also einen Sensor mit 24 Millionen Pixeln. Manche davon bleiben nach einer Belichtung vielleicht absolut dunkel, andere sind maximal hell. Die überwiegende Zahl jedoch wird Helligkeiten zwischen diesen beiden Extremwerten aufweisen. Die horizontale X-Achse des Histogramms repräsentiert alle möglichen Helligkeiten, die ein Pixel nach der Belichtung haben kann, tiefschwarz steht links, hell weiß ganz rechts.
Die vertikale Y-Achse des Histogramms müsste mit „Relative Häufigkeit" beschriftet werden. Auf der X-Achse wird über jeder der verschiedenen Helligkeiten eine Säule generiert, deren Höhe von der Häufigkeit eben jener Helligkeit im Foto abhängt. Dicht nebeneinander wirken die einzelnen Säulen dann oft wie ein zusammenhängendes Bergrelief. Erreicht das Histogramm den linken und/oder rechten Rand, ist das gleichbedeutend mit einer gewissen Anzahl tiefschwarzer und/oder hell weißer Pixel auf dem Foto. Das ist von Bedeutung, da Pixel mit dem niedrigsten und solche mit dem hellsten Helligkeitswert keinerlei relevante Information enthalten. Selbst durch anschließende Bildbearbeitung können sie nicht wieder rekonstruiert werden.

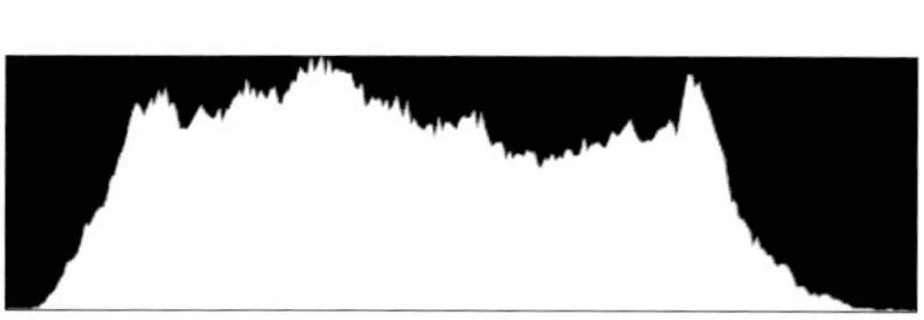

Typisches Histogramm einer Aufnahme, bei der die dunklen und hellen Bereiche nicht abgeschnitten sind.

ABSTAND VOM RAND HALTEN

Daher sollte dein Blick beim Histogramm zunächst auf den linken und rechten Rand fallen. Knallt das Bergmassiv dort an? Schlägt es bei einer Aufnahme des Mondes links an, weil der den Mond umgebende Nachthimmel schwarz ist, kann das ohne Weiteres hingenommen werden. Schlägt das Bergrelief jedoch rechts an, ist der Mond oder Teile davon überbelichtet. Bei Fotos im JPG-Format lassen sich diese überbelichteten Bereiche durch Bildbearbeitungsmethoden nicht mehr retten. Aufnahmen im RAW-Format gestatten in einem gewissen Umfang, die Über- oder Unterbelichtung später im Computer zu kompensieren.
Die Form und die Breite des Bergreliefs kann durch Kameraeinstellungen nicht verändert werden, denn sie werden von den Eigenschaften des Motivs bestimmt. Lediglich nach links und rechts lässt sich das Histogramm durch Veränderung der Belichtung verschieben. Belichtest du knapper, rückt das Histogramm nach links, steigert man die Belichtung, rückt es nach rechts. So kann einseiti-

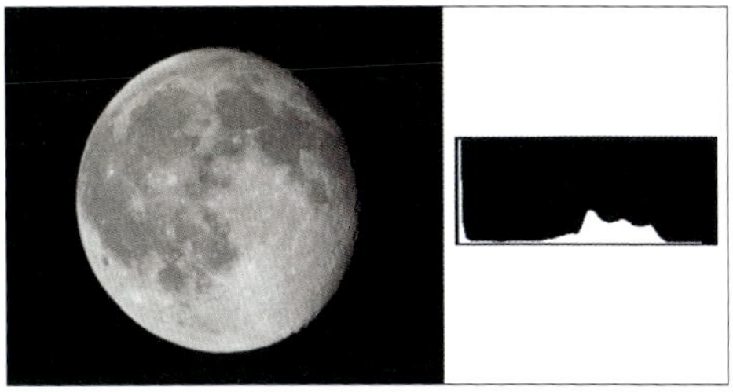

1

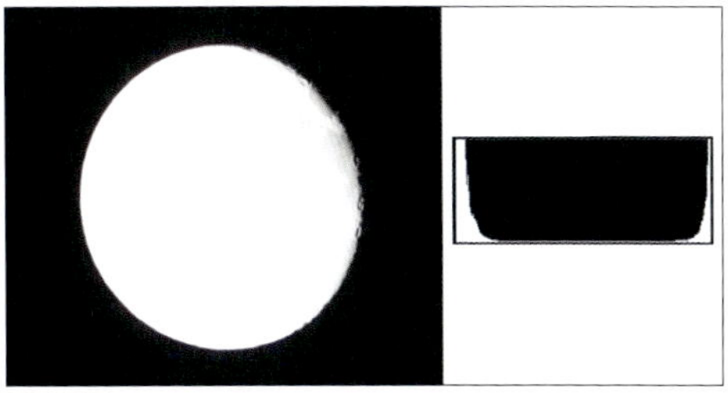

2

1. Der Mond, richtig belichtet. Im Histogramm bildet sich der schwarze Himmel ganz links als steiler Berg ab.

2. Überbelichtete Aufnahme des Mondes. Das Histogramm zeigt ganz rechts die deutlich überbelichteten Partien.

ges Anschlagen des Bergmassivs behoben oder zumindest gemildert werden.

DIE WELT ZWISCHEN LICHT UND SCHATTEN

Übersteigt der Motivkontrast die technischen Fähigkeiten der Kamera, wächst die Breite des Bergreliefs über den dargestellten Bereich hinaus und es schlägt sowohl links als auch rechts am Rand an. Dann gehen Bilddaten in den „Schatten" oder den „Lichtern" des Fotos verloren. Oft ist dann die beste Wahl, das Bild knapper zu belichten, um die Lichter zu retten (auf Kosten größerer Verluste in den Schatten). Oder durch eine längere Belichtung die Schatten aufzuhellen (dann auf Kosten größerer Verluste in den Lichtern).

VORSICHT VOR FARBAUSREISSERN

Auch was die Farben betrifft, kann das Histogramm eine nützliche Hilfe sein. Bei vielen Kameras lassen sich separate Histogramme für die drei Farbkanäle Rot, Grün und Blau darstellen. So lässt sich kontrollieren, ob einzelne Farbkanäle am linken oder rechten Rand des Histogramms anschlagen. Außerdem wird ein eventueller Farbstich sichtbar, wenn die drei Farbhistogramme horizontal gegeneinander verschoben sind. Farbneutrale Fotos weisen zwar unterschiedliche Bergreliefs für Rot, Grün und Blau auf, befinden sich aber auf der horizontalen Achse des Histogramms an der gleichen Position.

HISTOGRAMM LIVE BEURTEILEN

Viele Kameras und Handys können ein Live-Histogramm im elektronischen Sucher einblenden, so dass man einen Blick darauf werfen kann, noch bevor man den Auslöser betätigt. Bei klassischen Spiegelreflexkameras gelingt das nur, wenn man nicht den optischen Sucher verwendet, sondern die Live-View-Darstellung auf dem rückwärtigen Kameradisplay.

Der blaue Farbstich im rechten Bild zeigt sich auch deutlich in dessen Histogramm.

Objektive im Griff haben

Der gestirnte Himmel ist das anspruchsvollste Motiv für ein fotografisches Objektiv. Sterne sind winzige, helle Lichtpünktchen, kontrastreich umgeben vom nachtschwarzen Himmel. Selbst leichte Abbildungsfehler einer Optik werden bei Sternen sofort sichtbar.

RICHTIG SCHARFSTELLEN

Unter dem Fokus versteht man die Entfernungseinstellung. Bei Tageslichtaufnahmen erledigt das üblicherweise der Autofokus. Auf welchen Teil des Bildes scharfgestellt werden soll, kannst du der Kamera überlassen (nicht zu empfehlen) oder durch die manuelle Wahl des AF-Messfeldes selbst bestimmen. Bei Smartphones reicht dazu ein Fingertippen auf das gewünschte Motiv.
Die meisten AF-Systeme benötigen ausreichend Helligkeit, guten Kontrast und ein Motiv mit Flächenausdehnung. Bei Nacht scheitert es an der Helligkeit, während helle Sterne keine Flächenausdehnung haben. Dann muss der Autofokus ausgeschaltet und die Scharfeinstellung manuell vorgenommen werden. Während Fotokameras über eine solche Möglichkeit verfügen, ist das bei Smartphones keine Selbstverständlichkeit. Kamera-Apps mit Pro-Modus bieten aber oft die Option zur manuellen Fokussierung.
Weil Aufnahmen in der Dunkelheit zumeist bei offener Blende entstehen, ist die Schärfentiefe (siehe Seite 26) sehr begrenzt. Das hat zur Folge, dass sehr genau scharf gestellt werden muss und keine Toleranzen zu erwarten sind.

RUNDE STERNE DURCH ABBLENDEN

Besonders stark betroffen von Abbildungsfehlern sind die Bildecken. Manchmal sehen die Sterne dort nicht wie Lichtpunkte aus, sondern eher wie fliegende Vögel. Und sogar in der Bildmitte haben die Sterne mitunter farbige Ränder oder wirken so, als wären sie weichgezeichnet.
Tatsächlich sind derartige Abbildungsschwächen für Fotoobjektive der Normalfall, zumal, wenn die Blende bei der Aufnahme voll geöffnet ist. Nur

Schiebeschalter am Objektiv für automatische (A) und manuelle (M) Fokussierung

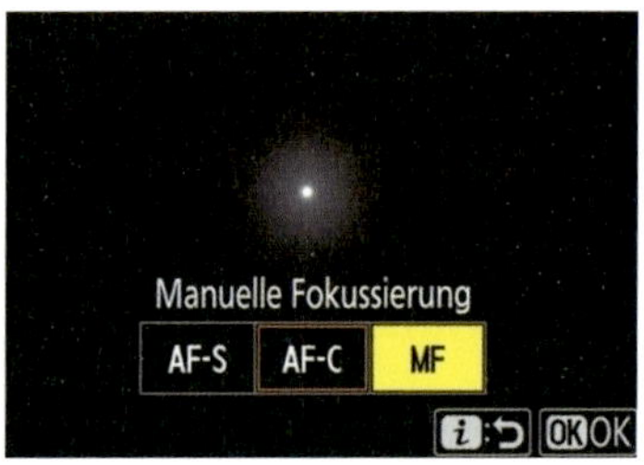

Kameramenü mit der Einstellung manuelle Fokussierung

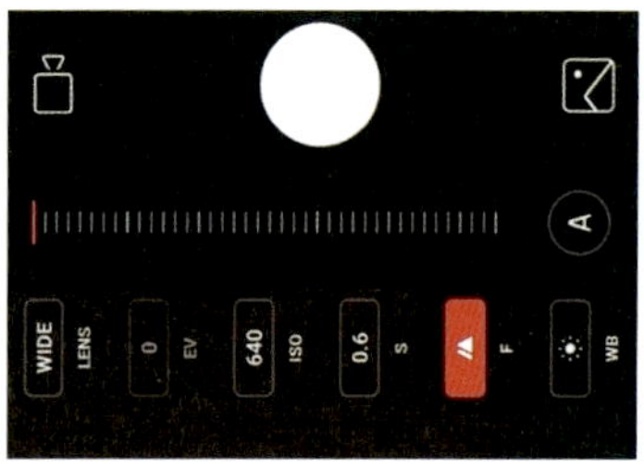

Kamera-App des Handys mit manueller Fokussierung auf unendlich

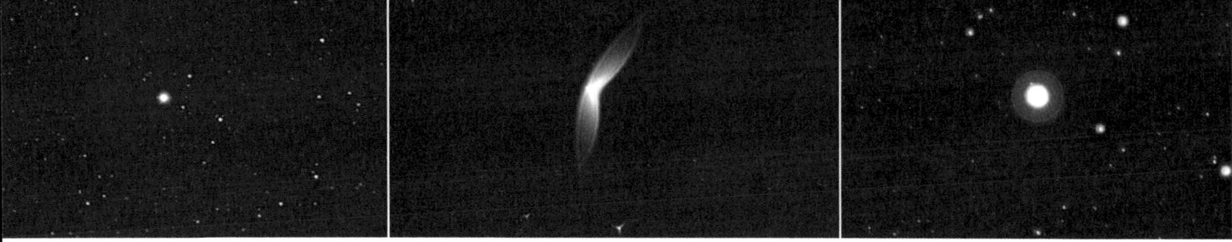

Von manchen Objektiven werden Sterne entweder zu „Schmetterlingen“ verzerrt (Mitte) oder sie zeigen einen deutlichen Farbhof (rechts).

Abblenden verbessert die Sternabbildung, erzeugt um helle Sterne aber Beugungsstrahlen.

wenige, oft kostspielige Objektive liefern am Sternenhimmel bereits bei Offenblende tadellose Ergebnisse.
Dass die meisten Abbildungsfehler durch das Schließen der Blende verringert werden können, ist für Nacht- und Astrofotografen ein geringer Trost, denn das Abblenden hat eine längere Belichtungszeit und/oder ein Anheben des ISO-Werts zur Folge. Daher gibt es auch an dieser Stelle die Empfehlung, einen Kompromiss einzugehen. Entweder, man lebt mit den verzogenen Sternen in den Bildecken, oder man blendet um eine bis zwei Belichtungsstufen ab, um die Abbildungsfehler wenigstens abzumildern.

OBJEKTIVE SELBST TESTEN

Möchtest du, etwa vor dem Erwerb, Objektive testen und miteinander vergleichen, kannst du den Sternenhimmel als Testtafel verwenden. Richte die Kamera direkt nach oben, so dass nur der Himmel auf dem Bild erscheint, und belichte so kurz, dass die Sterne Punkte bleiben und nicht zu Strichen werden (siehe Seite 50). Fokussiere auf die Bildmitte und beurteile das Ergebnis am Computermonitor, nicht auf dem Kameradisplay. Öffne das Bild mit einer Bildbearbeitungssoftware oder mit einem Bildbetrachtungsprogramm und stelle die Zoomstufe auf 100 %. Betrachte nicht nur die Bildmitte, sondern alle vier Bildecken. Rechne dabei durchaus auch mit einer Serienstreuung, was bedeutet, dass nicht alle Objektive eines Typs die gleiche Abbildungsqualität haben müssen, sondern dass es besonders gute, aber auch besonders schlechte Exemplare geben kann. Preiswerte Objektive sind häufig von einer ausgeprägten Serienstreuung betroffen.

Tipp: Darf es etwas mehr sein?

Wenn es um die Abbildungsgüte von Objektiven geht, sind besonders die Randbereiche problematisch. Daher ist es keine schlechte Idee, an einer Kamera ein Objektiv zu verwenden, das eigentlich für größere Sensoren gedacht ist. Der kleinere Sensor schneidet die Randbereiche weg. Für APS-C-Kameras bieten sich Vollformat-Objektive an, für Vollformatkameras zum Beispiel Mittelformat-Objektive aus der Analogzeit.

Wichtige Kameraeinstellungen

Moderne Kameras bieten schier unendlich viele Funktionen – welche davon sind wichtig zur Astrofotografie, machen einem das Fotografenleben leichter und sorgen für bessere Bilder?

DATEIFORMATE UND BILDGRÖSSEN

Im Wesentlichen gibt es zwei Dateiformate, in der Kameras die aufgenommenen Fotos abspeichern können: JPG und/oder RAW.

Das JPG-Format

Fotos im JPG-Format belegen bedeutend weniger Speicherplatz. Das hat zwei Gründe: Erstens ist die Zahl der möglichen Farben und Helligkeiten pro Pixel begrenzt, zweitens wird ein Kompressionsverfahren angewendet, das mit einem Datenverlust verbunden ist. Das JPG ist als Endprodukt anzusehen und eignet sich nur in engen Grenzen als Ausgangsbasis für Methoden der Bildbearbeitung. Da jedoch nächtliche Himmelsaufnahmen enorm von einer nachträglichen Bearbeitung profitieren, ist das JPG-Format für die Nacht- und Astrofotografie nicht zu empfehlen.

1
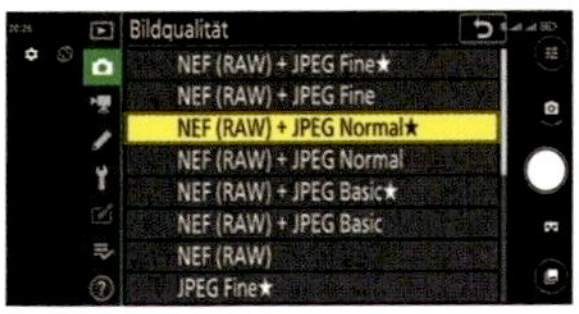

2
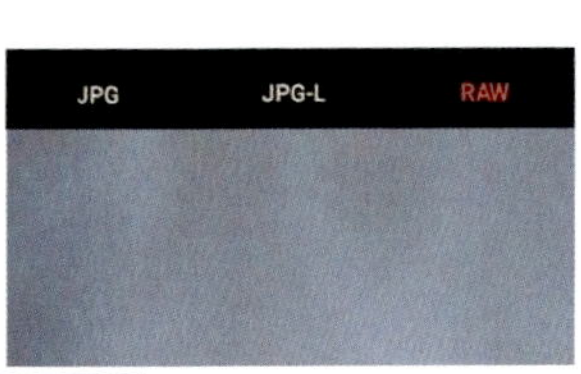

1. Kamera-Menü mit Auswahl der Bildqualität RAW und JPG
2. Kamera-App des Handys mit Auswahl des RAW-Formates

Das RAW-Format

Werden Fotos im RAW-Format gespeichert, belegen sie bedeutend mehr Platz auf dem Datenträger. „RAW" heißt so viel wie „roh" – streng genommen ist eine Datei im RAW-Format noch gar kein Foto. Erst eine Software, ein sogenannter RAW-Konverter, „entwickelt" die Rohdaten zu einem Foto. Die Einflussmöglichkeiten während dieses Entwicklungsprozesses sind enorm! Für astrofotografische Zwecke ist daher unbedingt das RAW-Format zu empfehlen. Der Entwicklungsprozess einer RAW-Datei wird ab Seite 143 erläutert. Nicht alle Fotohandys sind in der Lage, aufgenommene Fotos auch im RAW-Format abzuspeichern.

Meist erlauben Kameras das gleichzeitige Abspeichern im JPG- und RAW-Format – das JPG ist später zur schnellen Auswahl der besten Aufnahme praktisch, anschließend wird die RAW-Aufnahme verarbeitet.

BILDSTABILISATOR

Mechanismen zur Bildstabilisierung helfen dabei, längere Belichtungszeiten freihändig einsetzen zu können. Die zurzeit leistungsfähigsten Systeme sollen acht Belichtungsstufen (EV) bewältigen können. In der Praxis verlängert sich die maximale Belichtungszeit ohne Stativ so von 1/60 Sekunde auf vier Sekunden! Damit liegen Aufnahmen des Nordlichts, der Milchstraße oder von Sternbildern

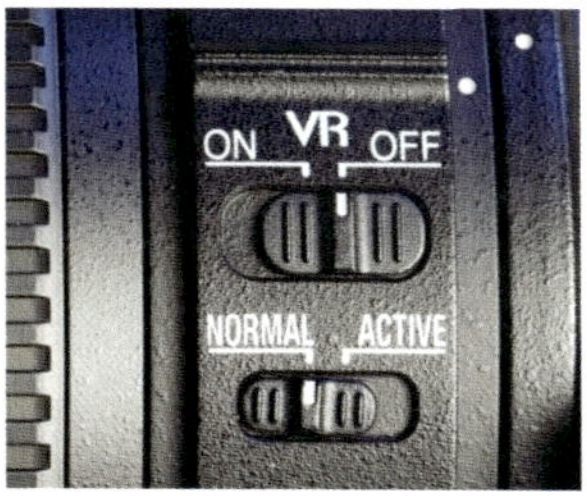

1

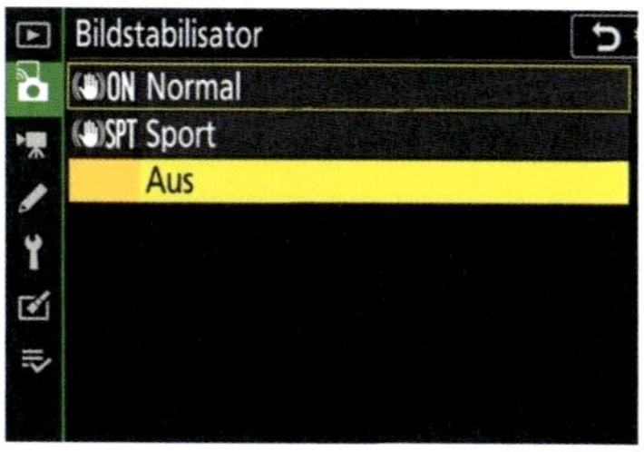

2

1. Schieberegler zum Ein-/Ausschalten des Bildstabilisators am Objektiv
2. Kamera-Menü zum Einstellen des Bildstabilisators

im Bereich des Möglichen. Auch Smartphones bieten zum Teil stabilisierte Langzeitbelichtungen bei Nacht. Anstelle einer langen Belichtung fertigt das Smartphone, vom User unbemerkt, viele kürzer belichtete Aufnahmen an, die dann im Gerät deckungsgleich übereinandergelegt und addiert werden.

WEISSABGLEICH

Mit dem Weißabgleich wird die Farbgebung eines Fotos bestimmt. Standardmäßig erledigen Kameras den Weißabgleich automatisch („AWB" = Automatic White Balance). Tagsüber funktioniert das gut, aber bei Dunkelheit versagt auch diese Automatik in vielen Fällen. Der Weißabgleich wirkt sich unwiderruflich nur auf Fotos im JPG-Format aus. Bei Bildern im RAW-Format kann im Zuge der Bildentwicklung der Weißabgleich auf jeden beliebigen Wert eingestellt werden.

BILDGRÖSSEN

Fotos können in der Regel in den Größen L (Large; groß), M (Medium; mittel) oder S (Small; klein) aufgenommen werden. Bitte immer die Größe L einstellen, denn große Fotos nachträglich kleiner zu rechnen ist kein Problem, umgekehrt funktioniert das aber nicht.

RAUSCHUNTERDRÜCKUNG

Besonders bei hohen, in der Dunkelheit gebräuchlichen ISO-Werten tritt das Bildrauschen mitunter störend in Erscheinung. Abhilfe stellen Menüeinträge wie „Rauschreduktion bei Langzeitbelichtung" und „High-ISO-Rauschreduktion" in Aussicht. Aufgrund meiner Erfahrungen möchte ich aber dazu raten, diese beiden Funktionen nicht zu verwenden. Bei allen Kameras und Kamerasystemen, die ich bisher untersucht habe, hat die Anwendung dieser Maßnahmen einen eher negativen Effekt.

Kamera-Menü zum Einstellen der Rauschunterdrückung bei Langzeitbelichtung

WEITERE EINSTELLUNGEN

Datum, Uhrzeit und Zeitzone

Beim Fotografieren des Nachthimmels besteht zu jedem Zeitpunkt die Chance, etwas Großartiges, vielleicht sogar etwas Einzigartiges abzubilden. Das könnte ein neuer Komet sein, eine aufflammende Supernova oder eine extrem helle Sternschnuppe. Dann kann es von großer Bedeutung sein, dass man den Aufnahmezeitpunkt möglichst exakt nachvollziehen kann. Eine Kontrolle der eingestellten Uhrzeit empfehle ich vor jedem Einsatz, da die Ganggenauigkeit der Kamerauhren zum Teil große Abweichungen zeigen.

Elektronischer Verschluss

Viele Fotokameras verwenden einen mechanischen Verschluss. Handys und einige neue Fotokameras verzichten auf dieses mechanische Bauteil und steuern die Belichtung elektronisch. Ein solcher „elektronischer Verschluss" arbeitet völlig erschütterungsfrei. Von großem Nutzen ist diese erschütterungsfreie Methode der Belichtung vor allem bei langen Brennweiten sowie bei etwas unterdimensionierten Stativen. Bei Spiegelreflexkameras hilft die Verwendung der Live-View-Funktion, um von der erschütterungsfreien Auslösung zu profitieren. Die „Spiegelvorauslösung" hingegen bringt keinen Gewinn, da der mechanische Verschluss trotzdem ablaufen muss.

Speichern der Kamerakonfiguration

Die Einstellungen einer Kamera für Nacht- und Astroaufnahmen unterscheiden sich in vielen Punkten von der Standardkonfiguration, die für die Tageslichtfotografie benutzt wird. Beim Wechsel vom Tag- zum Nachtbetrieb und zurück lauern viele Fehlerquellen, wenn zum Beispiel nötige Änderungen übersehen oder vergessen werden. Bei den meisten Fotokameras besteht daher die Möglichkeit, bestimmte Konfigurationen abzuspeichern und bei Bedarf wieder abzurufen. Gerne kannst du Gebrauch davon machen, nur solltest du dich im Handbuch der Kamera darüber informieren, welche der Einstellungen dabei abgespeichert werden und welche nicht.

Wählrad einer Kamera mit Speicherplätzen

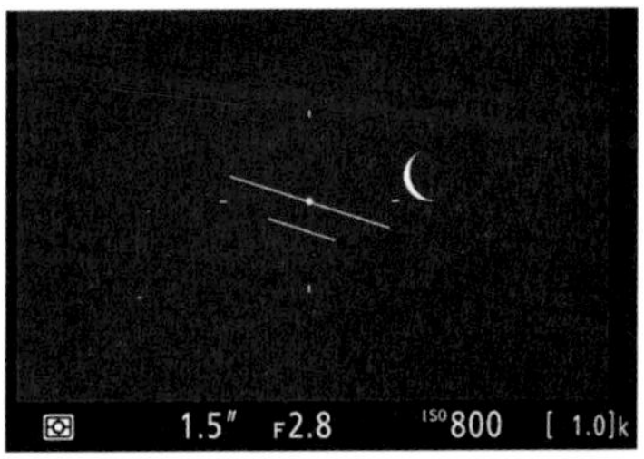

1

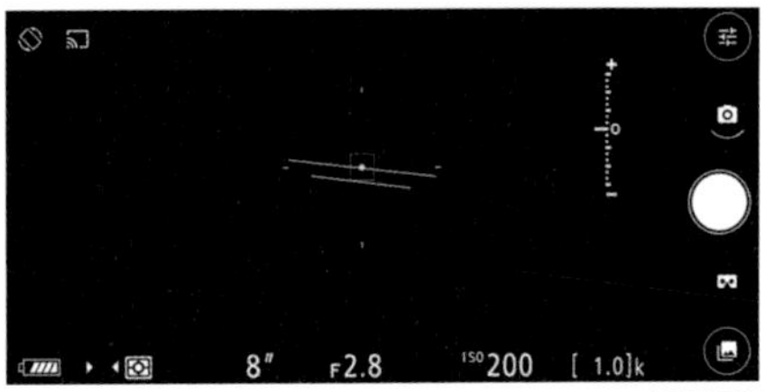

2

1. Sucheranblick mit eingeblendeter Wasserwaage
2. Wasserwage in der Kamera-App eines Handys

Elektronische Wasserwaage

Viele Fotokameras und Smartphones verfügen über eine elektronische Wasserwaage, mit der sichergestellt werden kann, dass der Horizont auf dem Foto nicht schräg durchs Bild verläuft. Besonders bei Nacht ist diese Funktion sehr nützlich, weil du aufgrund der Dunkelheit den Horizont oft gar nicht erkennen kannst.

Belichtungssimulation

Es geht um das elektronische Sucherbild von Kameras, bei Spiegelreflexkameras auch als Live-View bezeichnet. Ist sein Erscheinungsbild eine Vorschau dessen, was aufgrund der aktuellen Belichtungseinstellung auch für das fertige Foto zu erwarten ist, ist die Belichtungssimulation aktiv. Änderungen der Belichtungseinstellungen werden dann im Sucherbild unmittelbar sichtbar. Doch gerade bei Langzeitbelichtungen, wie sie nachts üblich sind, stößt die Belichtungssimulation an ihre Grenzen. Ein „Live-Videobild" kann nicht zeigen, wie hell ein Foto nach einer zehnsekündigen Belichtungszeit aussehen wird. Daher solltest du bei Nacht durch Testaufnahmen ermitteln, ob die Belichtung dem Motiv angemessen ist.

BESSER ABSCHALTEN

Natürlich gibt es auch Kameraeinstellungen, die verhindern können, dass deine Nacht- und Astrofotos gelingen. Ab Werk sind potenziell schädliche Funktionen abgeschaltet. Doch es besteht das Risiko, dass sie nach der Inbetriebnahme in einem ganz anderen Zusammenhang aktiviert und nicht wieder zurückgesetzt wurden. Daher lohnt es sich, nach den folgenden Einstellungen zu schauen:

Belichtungsreihen

Belichtungsreihen werden als „Bracketing“ bezeichnet. Die Kamera macht dabei in wechselnder Folge dunkle, mittlere und helle Fotos. Im Nachhinein sucht man sich dann die besten heraus. In der Nacht- und Astrofotografie wird diese Funktion nicht benötigt und sollte daher abgeschaltet werden.

Auflösungssteigerung

Manche Kameras können Aufnahmen mit bedeutend mehr Megapixeln produzieren als der Bildsensor physisch aufweist. Diese „Superresolution“ wird durch die Summe mehrerer Einzelbelichtungen erreicht, zwischen denen der Bildsensor um Subpixelbeträge verschoben wird.
Da es in der Himmelsfotografie um mehr oder minder schnell bewegliche Motive geht, ist diese Funktion nicht nützlich und gehört ausgeschaltet.

HDR-Funktion

HDR steht für „High Dynamic Range“, HDRI für „High Dynamic Range Image“. Beides ist das Gleiche und umschreibt einen Prozess, bei dem aus mehreren, unterschiedlich belichteten Einzelfotos ein Resultat errechnet wird. Dieses Resultat verfügt über einen größeren Dynamikumfang als ein Einzelfoto, um die dunkelsten und hellsten Motivpartien erkennbar darzustellen. Standardmäßig sollte diese Funktion ausgeschaltet bleiben. Nur in Ausnahmefällen, etwa bei einer partiellen Mondfinsternis, kann die Funktion sinnvoll sein.

VOR JEDEM EINSATZ

Akkus aufladen

Der Strombedarf bei Nachtaufnahmen ist hoch, bedingt durch die langen Belichtungszeiten. Zudem können niedrige Temperaturen dafür sorgen, dass die Spannung des Kamera-Akkus in der Nacht überraschend schnell nachlässt. Vor dem Beginn einer Aufnahmesession sollten sie daher voll aufgeladen werden.
Übrigens lade ich meine Akkus nach jedem Einsatz generell wieder auf 100 Prozent. Zwar soll der optimale Ladungszustand bei Lagerung geringer sein, aber weil ein Einsatz auch einmal spontan und unverhofft anstehen kann, möchte ich auf stets vollgeladene Akkus zurückgreifen können. Die Lebensdauer meiner Kamera-Akkus leidet darunter nicht spürbar.

Speicherkarte leeren

Speicherkarten sollten nicht nur regelmäßig entleert, sondern hin und wieder durch die Kamera formatiert werden. Sie stellen keinen geeigneten Speicherort für Fotos über einen längeren Zeitraum dar. Ich empfehle, nach einer Aufnahmesession die Fotos von der Speicherkarte auf zwei verschiedene Medien zu kopieren, um eine Sicherungskopie zu haben. Danach kann die Speicherkarte gelöscht oder formatiert werden. Wird eine neu erworbene oder aus einer anderen Kamera stammende Speicherkarte verwendet, rate ich zu einer Formatierung. Beim Erwerb von Speicherkarten ist auf Markenware zu achten, um nicht an der falschen Stelle zu sparen.

Sauberkeit

Spätestens vor jedem Einsatz prüfe ich, ob der Bildsensor und der Okulareinblick meiner Kamera, das Kameradisplay und die Linsen meiner Objektive sauber und fettfrei sind. Bei Bedarf muss gereinigt werden. Die Reinigung von Linsen nimmt man möglichst nicht am Einsatzort, sondern vor dem Gebrauch unter kontrollierten Bedingungen und in Ruhe vor.

FOTOKURS STERNEN-HIMMEL

Das Buch als Testmotiv für Aufnahmen bei wenig Licht..
Jeder andere Gegenstand tut es für Testaufnahmen aber auch.

Generalprobe im Wohnzimmer

Wenn du das Kapitel über die fotografischen Grundlagen und Begriffe durchgelesen hast, dann bist du für den ersten Einsatz unter dem Nachthimmel bestens vorbereitet. Wirklich?

Mit einer Generalprobe zu Hause lassen sich wichtige Handgriffe üben und die Ausrüstung auf Vollständigkeit überprüfen. Es gilt, drohende Enttäuschungen zu vermeiden, sollte man zum ersten Mal mit seiner Kamera unter einem glasklaren Sternenhimmel stehen, wenn einem aufgrund fehlender Erfahrung irgendein Kardinalfehler unterläuft. Schon eine nicht angezogene Stativschraube in einer windigen Nacht reicht aus, um alle Mühen zunichte zu machen.
Als erstes Übungsszenario schlage ich vor: Das eigene Wohnzimmer! Dort ist es warm, windstill und man hat Zugriff auf Snacks und Getränke. Es gibt vermutlich eine Internetverbindung, das Kamera-Handbuch ist im Zugriff, herunterfallende Kleinteile verschwinden nicht für immer in der Grasnarbe und bei Bedarf kann man einfach das Licht anknipsen, um eine Einstellung zu überprüfen und einen Handgriff zu üben.

DAS BUCH ALS TESTMOTIV

Um halbwegs realistische Bedingungen zu schaffen, sollte das Zimmer maximal abgedunkelt werden. Als Testmotiv nehmen wir einfach die Titelseite dieses Buches. Stelle das Buch senkrecht auf und beleuchte es etwas seitlich mit einer Kerze, die etwa 30 Zentimeter von dem Buch entfernt ist. Ist keine Kerze zur Hand, kann man bei Tage auch den Rollladen oder die Tür zu einem erleuchteten Nachbarzimmer minimal öffnen. Die Kamera sollte mindestens drei bis vier Meter vom Testmotiv entfernt aufgestellt werden. Das Ziel besteht nun darin, ein möglichst scharfes, richtig belichtetes und rauscharmes Foto von dem Testmotiv anzufertigen. Verwende für die Testaufnahmen bitte ein Weitwinkelobjektiv, auch wenn das Testmotiv damit nur sehr klein abgebildet wird. Die folgenden Schritte erledigt man zunächst im Hellen:

1. Stativ verwenden

Befestige die Kamera auf dem Stativ und richte sie auf das Testmotiv aus. Ziehe alle Schrauben und Klemmungen an. Übe auch den Schwenk von Quer- auf Hochformat und die Höhenverstellung des Stativs.

2. Kabel-/Fernauslöser

Schließe den Kabelauslöser an der Kamera an oder verbinde die drahtlose Fernsteuerung mit der Kamera/dem Handy. Löse testweise aus, um die Funktion zu überprüfen.

3. Bildstabilisator

Schalte den Bildstabilisator an der Kamera und/oder deinem Objektiv ab (bei Handys nicht möglich).

Mit der Lupentaste kann man das Sucherbild vergrößern und so genauer scharf stellen.

4. Belichtungsmodus

Stelle den manuellen Modus „M“ an deiner Kamera ein. Beim Smartphone wähle in der Kamera-App den Modus „Nacht“ oder „PRO“.

5. RAW-Format

Stelle im Menüpunkt „Bildqualität“ RAW+JPG ein. Achte darauf, dass dabei die volle Pixelzahl der Kamera verwendet wird. Manche Smartphones bieten ebenfalls die Möglichkeit, Fotos im RAW-Format zu speichern.

6. Live-View

Falls du eine Spiegelreflexkamera verwendest, aktiviere die Live-View-Funktion, damit das Sucherbild auf dem Kameradisplay angezeigt wird.

7. Manueller Fokus

Schalte den Autofokus (AF) ab, die Schärfe wird von Hand an einem Ring des Kameraobjektivs eingestellt. Bei der Kamera-App im Handy ist es wahrscheinlich eine Skala, mit der die Scharfeinstellung gelingt.

8. Belichtungszeit

Finde heraus, mit welchem Drehrad an der Kamera bzw. an welcher Stelle der Handy-App du die Belichtungszeit ein- und verstellen kannst.

9. Blende

Finde das Drehrad, mit der du die Objektivblende verändern kannst. In den Anzeigen wird der Blendenwert oftmals mit einem „F“ oder „f/“ gekennzeichnet. Smartphones haben in aller Regel keine verstellbare Blende.

10. ISO-Wert

Nun mache noch ausfindig, wie man den ISO-Wert an der Kamera oder in der App einstellt.

WEITER IM DUNKELN

Jetzt ist es an der Zeit, das Licht auszuknipsen. Richte deine Kamera auf dem Stativ so aus, dass das Buch in der Bildmitte positioniert ist und wähle folgende Belichtungseinstellungen:
Belichtungszeit: 2 Sekunden (2")
Blende: kleinstmögliche Zahl (z. B. 2)
ISO-Wert: 400

Fokus

Um Scharfzustellen verwende die Sucherlupe, bis die maximal mögliche Vergrößerungsstufe erreicht ist. Den besten Schärfepunkt kannst du nun durch Hin- und Herdrehen des Entfernungsrings am Objektiv präzise einstellen. Bei Handys kann man den Schieberegler für den manuellen Fokus betätigen, manche Apps vergrößern dabei die Bildmitte automatisch.

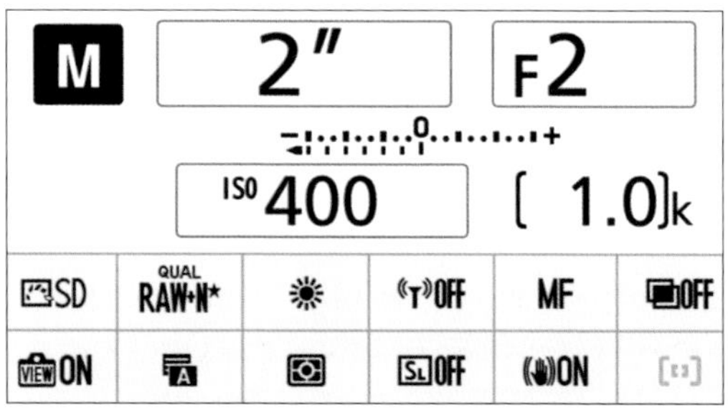

Display einer Kamera mit den im Text genannten Einstellungen von Belichtungszeit, Blende und ISO-Wert.

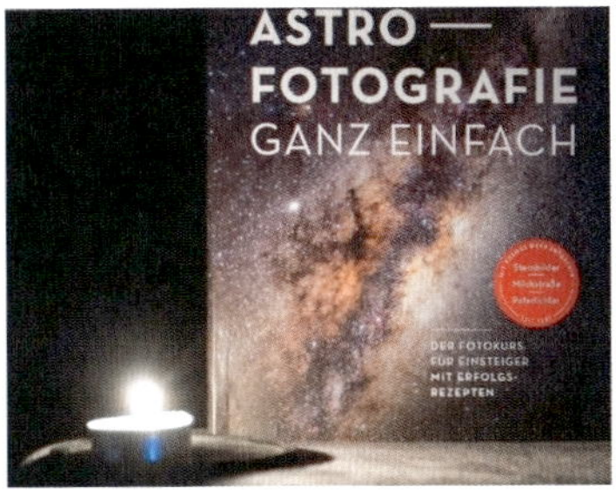

Aufnahmen des Testmotivs, links etwas unscharf, rechts richtig fokussiert

Testfotos aufnehmen

Nun betätige den Auslöser und schaue dir das Foto in der Rückschau an. Verwende auch jetzt die elektronische Sucherlupe, um das Testmotiv ganz genau zu untersuchen. Ist es scharf? Wenn nicht, fokussiere noch einmal und stelle sicher, dass der Bildstabilisator ausgeschaltet ist. Das Testmotiv muss so klar und so hell wie bei Tageslicht zu erkennen sein. Einen Farbstich durch das Kerzenlicht kannst du ignorieren. Ist das Bild zu dunkel, verlängere die Belichtungszeit oder erhöhe den ISO-Wert und wiederhole die Aufnahme. Bei zu hellem Ergebnis ist die Belichtungszeit oder der ISO-Wert entsprechend zu reduzieren. Wenn alles geklappt hat, kannst du die gleiche Prozedur mit einem anderen Objektiv wiederholen.

Auswertung am Computer

Generell sollten die entstandenen Testfotos nicht nur auf dem Display der Kamera oder dem Handy angeschaut, sondern auf einen Computer übertragen und bei hoher Vergrößerung inspiziert werden. Sämtliche Aufnahmedaten und die verwendete Hardware werden mit dem Foto zusammen in den Dateieigenschaften abgespeichert. Solltest du aber ein adaptiertes Fremdobjektiv an deiner Kamera verwenden, wird dieses nicht erkannt und demzufolge auch nicht in den Bilddaten hinterlegt.

Vergiss nicht, nach Beendigung der Testreihe deine Kamera umzukonfigurieren, damit sie wieder für klassische Tageslichtaufnahmen gerüstet ist.

Dazu hier eine Checkliste:

- Belichtungsprogramm von M wieder auf A, Av, S, Tv oder P stellen
- Autofokus wieder einschalten
- Bildstabilisator wieder einschalten
- RAW-Format auch weiterhin verwenden?

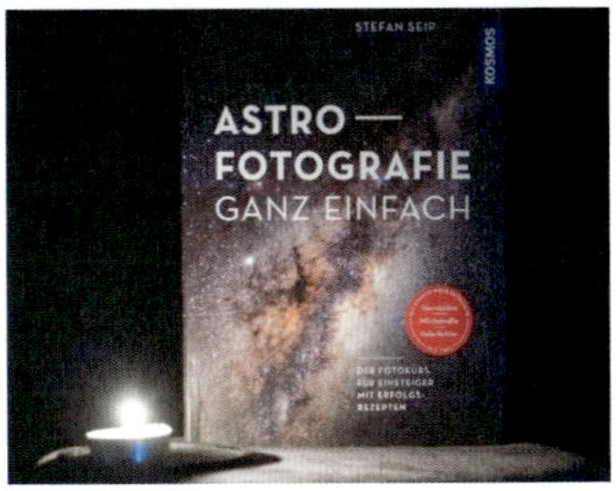

Oben eine Darstellung des Testmotivs, wie sie das bloße Auge sieht, unten eine Aufnahme davon.

Bei Aufnahmen mit adaptierten Objektiven die Details einfach auf einem Zettel notieren und zusammen mit dem Testmotiv aufnehmen.

Testfotos vom Sternenhimmel

Nach der Probe im Wohnzimmer besteht die nächste Steigerung des Schwierigkeitsgrads darin, echte Sterne zu fotografieren. Zur Übung ist es okay, wenn du in einer wolkenlosen Nacht deine Kamera oder dein Smartphone im Garten, auf der Terrasse oder dem Balkon positionierst.

Notfalls reicht sogar der Blick aus einem geöffneten Fenster, wenn der Raum abgedunkelt ist. Wohnst du in einer hell erleuchteten Großstadt, macht das in diesen Fällen nichts aus, denn trotz störender Beleuchtung wird man zumindest einige helle Sterne oder Planeten am Himmel erkennen. Verwende einen hellen Stern oder Planeten für die Scharfeinstellung. Das ist schwieriger als beim Testmotiv im Wohnzimmer. Da ein völlig unscharf abgebildeter Stern im Sucher oder auf dem Display unter Umständen nicht sichtbar ist, solltest du auf „Unendlich" vorfokussieren und die Blende auf den niedrigsten Wert einstellen.

MIT FINGERSPITZENGEFÜHL

Jetzt wird der Stern oder Planet nahe der Bildmitte positioniert, um diesen Bereich danach mit der elektronischen Sucherlupe maximal stark zu vergrößern. Zum Vergrößern nicht den Zoom des Objektivs verstellen! Bei Smartphones gibt es zuweilen diese Lupenfunktion auch, wenn man die Vergrößern-Geste mit Daumen und Zeigefinger auf dem Display anwendet. Bei maximaler Vergrößerung wird dann der Fokus verstellt, wobei man mehrfach über den Schärfepunkt hinaus und wieder zurück fokussiert, bis die absolut beste Schärfe sicher eingependelt werden kann. Der beste Fokus ist erreicht, wenn der ausgesuchte Stern/Planet einen minimalen Durchmesser und eine maximale Helligkeit annimmt.
Am besten Schärfepunkt werden meist lichtschwächere Sterne sichtbar, die bei geringer Unschärfe sofort wieder verschwinden. Sollte der ausgesuchte Stern/Planet zu hell sein, kann das

Ganz wichtig: die Kamera muss auf „unendlich" scharf gestellt sein, sonst sehen Sterne nicht wie Punkte, sondern wie Kreise aus.

die Scharfstellung stark beeinträchtigen. In einem solchen Fall solltest du lieber einen lichtschwächeren Stern auswählen.

Die manuelle Fokussierung kann etwas mühsam sein, muss aber nicht für jedes Foto wiederholt werden. Mindestens eine halbe Stunde lang kann man mit einer einmal gefundenen Einstellung Aufnahmen machen. Danach lohnt sich ein Fokus-Check, denn Temperaturschwankungen oder versehentliches Berühren des Fokussierrings können zur Folge haben, dass die Schärfe nicht mehr optimal eingestellt ist. Eine Neufokussierung ist fällig nach einem Objektivwechsel, nach einer Brennweitenverstellung am Zoomobjektiv und nach einer Bildwinkelanpassung beim Handy.

Eine andere Methode zu fokussieren ist, nach Objekten Ausschau zu halten, die flächig, hell und kontrastreich genug sind, damit der Autofokus arbeiten kann. Wichtig dabei ist, dass das Ersatzobjekt weit genug weg ist, für die Kamera also bereits im „Unendlichen" liegt (siehe Seite 26). Das kann ein sehr weit entferntes, beleuchtetes Gebäude sein oder der Mond, wenn er am Himmel steht. Dann könnte man den Autofokus benutzen, um das Ersatzobjekt scharfzustellen. Nach erfolgter Fokussierung wird der Autofokus abgeschaltet und die Kamera auf das eigentlich zu fotografierende Motiv geschwenkt.

ENDLICH AUSLÖSEN

Wenn die optimale Schärfe gefunden ist, stelle wie beim Indoor-Test die ISO-Zahl auf 400 und eine Belichtungszeit von wenigen Sekunden ein. Nach einem Klick und kurzer Wartezeit hast du auch schon dein erstes Foto vom Sternenhimmel im Kasten! Verändere die Belichtungsparameter ISO und Zeit dann so lange, bis der Nachthimmel zwar dunkel, aber nicht rabenschwarz abgebildet wird. Beim Anschauen der Fotos am Computer wirst du feststellen, dass im Vergleich zum Anblick mit den bloßen Augen auf dem Foto sehr viel mehr Sterne zu sehen sind.

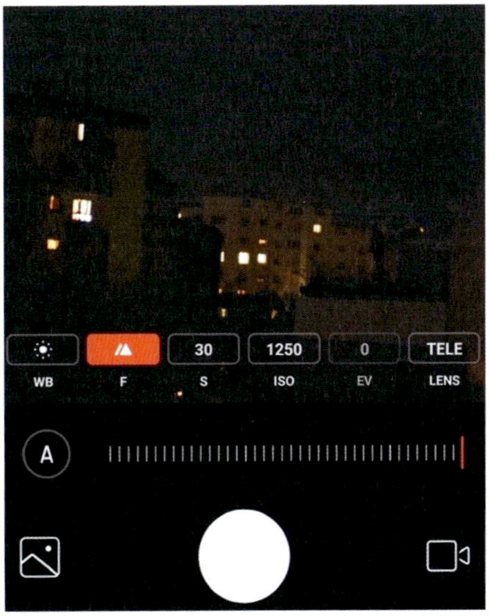

1

2

1. Manuelle Fokussierung auf einen Stern mit dem Handy
2. Trotz des hellen Mondes fängt die Kamera bei richtiger Einstellung zahlreiche Sterne ein.

Ordnung am Sternenhimmel

Sternbilder sind von Menschen geschaffene Fantasieprodukte, um in das Gewimmel am Himmel ein wenig Ordnung zu bringen. Ihre Figuren bleiben für Jahrtausende fast unverändert bestehen und lassen mal mehr und mal weniger gut die Bezeichnung des Sternbildes erkennen.

Das Sternbild Schwan zum Beispiel bildet ein riesiges Kreuz am Himmel und ist auch mit wenig Vorstellungskraft mit einem fliegenden Schwan in Verbindung zu bringen. Dass allerdings zwei einzelne Sterne das Sternbild Jagdhunde darstellen sollen, erfordert ungleich mehr Mühe. Weltweit wurden die Sterne von den Völkern zu völlig unterschiedlichen Sternbildern gruppiert. Die bereits erwähnte Software *Stellarium* kann nicht nur die aktuellen, sondern auch viele dieser historischen Deutungen darstellen.

Das ausgedehnte Sternbild Großer Bär mit den sieben Sternen des Großen Wagens.

JEDE JAHRESZEIT HAT IHRE STERNBILDER

Die Internationale Astronomische Union hat diesem babylonischen Treiben ein Ende gesetzt und 88 Sternbilder definiert, die über den gesamten Nord- und Südhimmel verteilt sind. Für uns Bewohner der Nordhalbkugel bleiben etliche davon immer unter dem Horizont verborgen oder tauchen nur knapp über dem Horizont auf. Manche Sternbilder enthalten einige helle Sterne und sind daher leicht zu erkennen, etwa das Wintersternbild Orion. Andere können nur mit lichtschwachen Sternen aufwarten und sind daher schwer zu identifizieren, selbst von vielen Sternguckern und Sternguckerinnen. Ein Beispiel dafür ist das Sommersternbild Füchschen. Es gibt Sternbilder, die von Mitteleuropa aus in jeder klaren Nacht zu sehen sind. Das bekannteste Beispiel dafür ist der Große Bär, dessen helle Teilfigur „Großer Wagen“ genannt wird. Andere Sternbilder lassen sich nur zu bestimmten Jahreszeiten blicken, daher gibt es charakteristische Sternbilder für den Frühling, den Sommer, den Herbst sowie den Winter. Und während einige Sternbilder eine enorme Ausdehnung am Himmel haben, etwa die Wasserschlange, sind andere winzig klein, zum Beispiel die Leier. Wenn du Sternbilder formatfüllend fotografieren möchtest, müssen verschiedene Brennweiten eingesetzt werden, um der unterschiedlichen Größenausdehnung gerecht zu werden. Die folgende Doppelseite nennt die schönsten Sternbilder, die von der Nordhalbkugel aus zu sehen sind.

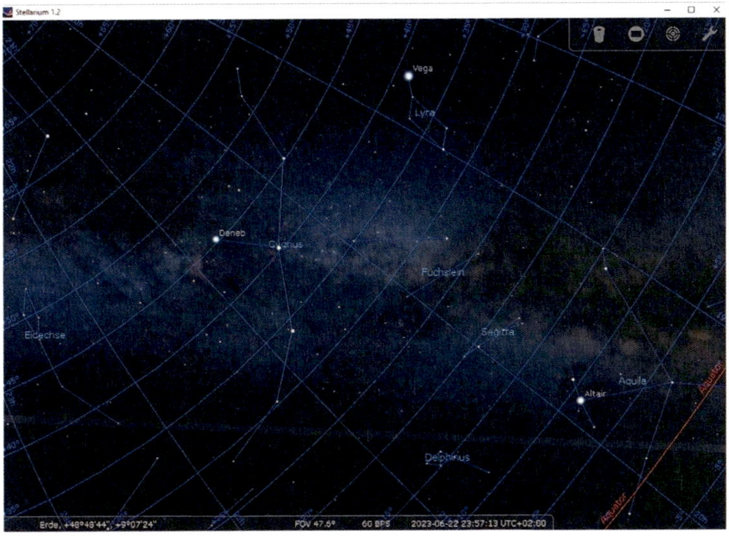

Das Sommersternbild Schwan in der Software Stellarium, hier mit eingeblendeten Koordinatenlinien dargestellt.

Der Orion enthält viele sehr helle Sterne, die ihn zu einem auffälligen Wintersternbild machen.

Die schönsten Sternbilder

Sternbild	Ideale Jahreszeit	Brennweite Vollformat [mm]	Brennweite APS-C [mm]	Anmerkung
Großer Wagen	Frühling	60	40	Der Große Wagen ist ein Teil des Großen Bären
Großer Bär	Frühling	35	24	Dunkler Himmel ist erforderlich
Löwe	Frühling	40	28	Mit dem hellsten Stern im Löwen, Regulus
Jungfrau	Frühling	35	24	Mit dem hellsten Stern in der Jungfrau, Spika
Bärenhüter	Frühling	50	35	Mit dem sehr hellen Hauptstern Arktur
Becher	Frühling	80	50	Horizontnah
Rabe	Frühling	100	50	Horizontnah
Nördliche Krone	Frühling	150	100	Mit dem hellen Hauptstern Gemma
Kleiner Bär	Sommer	80	50	Enthält den Polarstern (Nordstern)
Drache	Sommer	35	24	Dunkler Himmel ist erforderlich
Herkules	Sommer	40	28	Der Herkuleshaufen, ein Kugelsternhaufen kommt aufs Foto!
Leier	Sommer	200	135	Mit dem sehr hellen Hauptstern Wega
Schwan	Sommer	40	28	Das Sternbild liegt inmitten der Milchstraße. Hauptstern: Deneb
Adler	Sommer	50	35	Das Sternbild liegt inmitten der Milchstraße. Hauptstern: Atair
Schütze	Sommer	50	35	Extrem horizontnah, teils in der Milchstraße
Delfin	Sommer	200	135	Klein, aber fein
Kassiopeia	Herbst	120	80	Das „Himmels-W“
Perseus	Herbst	50	35	Mit dem Doppelsternhaufen h+χ Persei!

Sternbild	Ideale Jahreszeit	Brennweite Vollformat [mm]	Brennweite APS-C [mm]	Anmerkung
Andromeda	Herbst	60	40	Die Andromeda-Galaxie wird zu sehen sein!
Pegasus	Herbst	35	24	Das große „Herbst-Viereck“
Kepheus	Herbst	60	40	Schwache Sterne, sieht aus wie „Das Haus vom Nikolaus“
Stier	Winter	50	35	Inklusive der offenen Sternhaufen Plejaden und Hyaden
Orion	Winter	50	35	Der Himmelsjäger. Der große Orionnebel kommt mit aufs Bild!
Fuhrmann	Winter	60	40	Das Sternbild enthält einige offene Sternhaufen!
Hase	Winter	100	65	Horizontnah
Großer Hund	Winter	60	40	Enthält Sirius, den hellsten aller Sterne
Zwillinge	Winter	60	40	Mit den beiden fast gleich hellen Sternen Kastor und Pollux

Die Spalte **Ideale Jahreszeit** bezieht sich auf eine Beobachtungszeit gegen 23 Uhr. Sie bedeutet nicht, dass in anderen Jahreszeiten das Sternbild unsichtbar wäre. In der zweiten Nachthälfte tauchen die Sternbilder der folgenden Jahreszeit auf. So können schon im Herbst Wintersternbilder fotografiert werden, wenn man bis in die Morgenstunden beobachtet.

Die angegebenen **Brennweiten** beziehen sich auf eine formatfüllende Abbildung inklusive der in manchen Darstellungen unterdrückten Ausläufer, die von lichtschwächeren Sternen gebildet werden. Zum Beispiel kennt vom Orion fast jeder die Rumpffigur, die ein bisschen an eine Eieruhr erinnert. Das gesamte Sternbild jedoch umfasst auch die beiden ausgestreckten Arme des Himmelsjägers Orion.

Wer kein **Objektiv** mit der in der Tabelle enthaltenen Brennweite besitzt, wählt einfach eines mit einer kürzeren Brennweite aus.

Wegen der unterschiedlichen Gestalt der Sternbilder muss die Kamera mit ihrem rechteckigen Sensorformat oft gedreht werden, damit ein Sternbild mit der angegebenen Objektivbrennweite als Ganzes erfasst wird. Der Wechsel von Quer- auf Hochformat alleine wird dazu nicht reichen. Je nachdem, zu welchem Datum und zu welcher Uhrzeit fotografiert wird, kann die Drehung um Winkelbeträge dazwischen notwendig werden, also eine schräg zum Horizont ausgerichtete Kamera.

Richte dir in *Stellarium* deine Kamera und deine Objektive ein, dann kannst du selbst für alle Sternbilder den optimalen Bildwinkel ermitteln.

Das Frühlingssternbild Bärenhüter mit dem hellen Stern Arktur.

Begrenzte Belichtungszeit

Dass die Sonne jeden Tag auf- und wieder untergeht, weiß jedes Kind. Grundsätzlich tun das auch alle anderen Himmelskörper, also der Mond, die Planeten und die Sterne. Die tägliche Rotation des Himmels ist lediglich das Spiegelbild der Erdrotation.

Wir beobachten den Himmel von einem Planeten aus, der sich einmal in knapp 24 Stunden um seine eigene Achse dreht und auf seiner Bahn um die Sonne ein Stück weiterwandert. Daher nimmt die Sonne alle 24 Stunden die gleiche Stellung am Himmel ein, was die Menschheit als „Tageslänge" definiert hat.

DER HIMMEL DREHT SICH

Schaue dir dazu einen hellen Stern oder Planeten im Osten, im Süden oder Westen an, der direkt über einer markanten Position steht, etwa über einem Baum, einem Kirchturm oder einem Strommast. Schon nach einer Viertelstunde, spätestens nach einer halben Stunde hat er sich ein Stück

Ausschnitt des Sternbildes Fuhrmann. Mit zunehmender Belichtungszeit werden die Sterne zu Strichen verzogen.

MAXIMALE BELICHTUNGSZEITEN

	Deklination		
Brennweite [mm]	90 Grad	45 Grad	0 Grad
14	18	15	15
20	15	11	11
24	14	9	9
35	12	6,5	6
50	11	5	4,5
80	11	3,3	3
100	11	2,8	2,3
150	11	2	1,6
200	11	1,6	1,3

Die **Deklination** eines Gestirns ist sein „Breitengrad" am Koordinatennetz des Himmels. 90 Grad entspricht dabei dem Himmelspol, 0 Grad dem Himmelsäquator und 45 Grad einer Position genau dazwischen.

Bei der Berechnung der **Maximalbelichtungszeit** wurde der Bildwinkel der jeweiligen Brennweite an einer Vollformat-Kamera berücksichtigt, deren Bildmitte genau auf die entsprechende Deklination gerichtet ist. Wird eine Vollformat-Kamera mit einem 35-mm-Objektiv auf einen Stern mit 45 Grad Deklination gerichtet, erfasst das Objektiv, je nach Bilddrehung, auch noch Deklinationen bis minimal 13,3 Grad Deklination. Und natürlich sollen auch diese Sterne scharf abgebildet werden! Ist der Sensor hinter dem Objektiv kleiner, darf die Belichtungszeit etwas länger sein.

Die Tabelle ist für geringe Toleranzen und 45 Megapixel berechnet. Derart penibel müsste man sein, wenn große Ausdrucke oder Projektionen geplant sind. Für weniger Megapixel und übliche Präsentationsgrößen dürfen die Zeiten in der Tabelle durchaus verdoppelt werden.

von dieser Position wegbewegt! Diese Beobachtung macht deutlich, dass du Aufnahmen des Sternenhimmels nicht beliebig lange belichten darfst, wenn die Kamera oder das Handy auf einem Fotostativ unbeweglich befestigt sind. Die Sterne würden dann nicht als Punkte, sondern als mehr oder weniger lange Striche abgebildet werden. Wie lange du maximal belichten darfst, ohne dass die Sterne zu Strichen werden, kann nicht mit einer einzigen Zahl beantwortet werden. Genau genommen hängt die Antwort von drei Faktoren ab:

1. Bildwinkel

Also indirekt von der Brennweite: Je länger die Objektivbrennweite ist, desto kleiner ist der erfasste Bildwinkel und desto kürzer muss die Belichtungszeit sein.

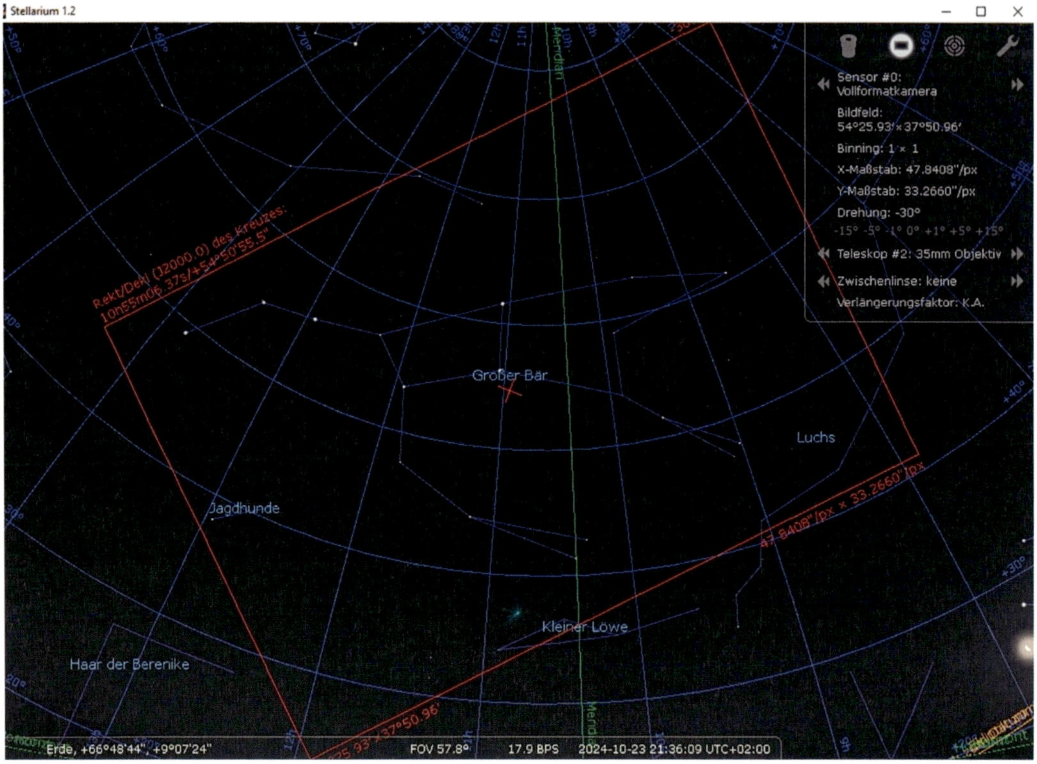

Screenshot des Großen Bären in Stellarium.
Der rote Rahmen zeigt das Bildfeld für ein 35-mm-Objektiv.

2. Himmelsregion

Zwar rotiert der gesamte Himmel mit seinen Sternen als „starres Gebilde", aber dennoch ist die Bewegungsgeschwindigkeit der Sterne je nach Region unterschiedlich. Ist die Kamera auf den Dreh- und Angelpunkt des Himmels, den Himmels-Nordpol, in dessen Nähe der Polarstern steht, gerichtet, bewegen sich die Sterne vergleichsweise langsam weiter. Zeigt die Kamera hingegen auf den Himmelsäquator, der halbhoch im Süden verläuft, etwa durch die Gürtelsterne des Orion hindurch, ist die Fortbewegung der Sterne dort erheblich schneller.

3. Pixelgröße des Bildsensors

Je kleiner die einzelnen Pixel auf dem Bildsensor der Kamera sind, desto früher wird man bei genauer Betrachtung feststellen können, dass ein Stern nicht mehr rund, sondern leicht oval abgebildet wurde. Der Nachweis der Sternbewegung wird demnach mit kleineren Pixeln schon bei kürzeren Belichtungszeiten gelingen. Die Pixelgröße kannst du ermitteln, wenn du die Kantenlänge deines Sensors durch die Pixelzahl dividierst. Bei 36 mm Kantenlänge und 6000 Pixeln errechnet sich die Pixelgröße zu 0,006 mm, also zu 6 Mikrometer (µm).

AUF DEN PUNKT GEBRACHT

Aufgrund dieser drei Einflussgrößen kann man nicht darauf hoffen, dass es eine simple Formel zur Berechnung der maximal zulässigen Belichtungszeit gibt, wenn die Sterne Punkte bleiben sollen. Zwar gab es in der prädigitalen Fotografie die heute noch zitierte „500er-Regel", bei der einfach die Zahl 500 durch die Objektivbrennweite dividiert worden ist. Bei 50 Millimeter Objektivbrennweite würde man demnach zehn Sekunden lang belich-

ten können. So griffig diese Regel auch sein mag, mit den aktuellen Aufnahmegeräten ist sie nicht mehr anwendbar.
Für typische Objektivbrennweiten gibt die Tabelle auf Seite 51 die Maximalbelichtungszeiten an, wobei ein Sensor mit 6 µm Pixelgröße zugrunde gelegt wurde. Bei kleineren Pixelgrößen muss entsprechend kürzer belichtet werden.
Mit vielen Apps, zum Beispiel *PhotoPills* oder *Astrofoto Calculator*, können die Maximalbelichtungszeiten für jede beliebige Ausrüstung ermittelt werden. Möchte man länger als diese errechneten Maximalwerte belichten, ohne dass die Sterne zu Strichen werden, muss eine Nachführeinheit zum Einsatz kommen, die die Kamera oder das Smartphone mit der Drehung des Himmels synchronisiert (siehe Seite 65). Wenn du aus der Not eine Tugend machen möchtest und die Sterne bewusst als lange Striche abbilden willst, gibt es dazu ab Seite 60 eine Anleitung.

1

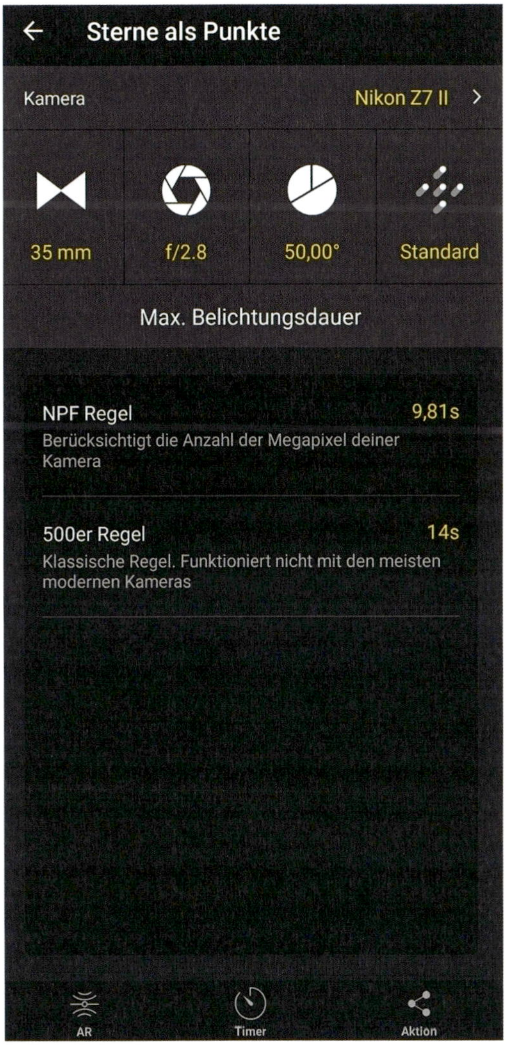

1. Screenshot der App PhotoPills
2. Screenshot der App Astrofoto Calculator

2

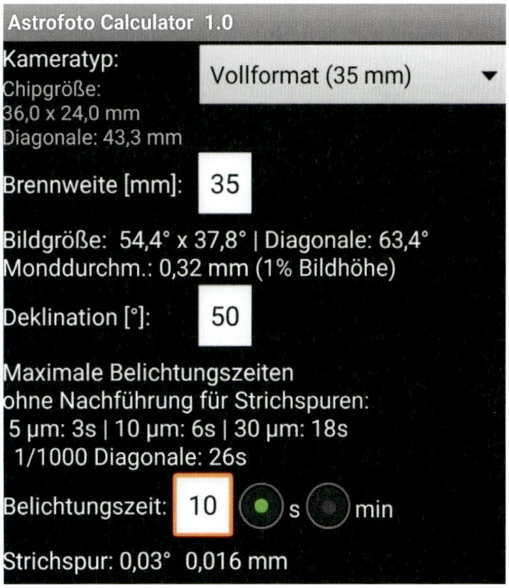

Schönere Sterne

Es klingt fast wie ein Scherz, aber moderne Kameras bilden die Sterne zu scharf ab. Somit werden die Helligkeitsunterschiede der Sterne auf einem Foto nicht mehr deutlich abgebildet. Selbst einprägsame Sternbilder sind dann kaum noch zu erkennen.

Der Grund dafür liegt auf der Hand: Das Licht eines Sterns wird auf nur wenige Pixel fokussiert. Ein heller Stern belichtet diese wenigen Pixel am schnellsten und so stark, dass diese ihre maximal mögliche Helligkeit annehmen. Sie erscheinen in der Folge weiß. Dauert die Belichtung an, erreichen auch lichtschwächere Sterne den gleichen Zustand. Daher sehen sie auf dem fertigen Foto genauso aus wie die eigentlich helleren.
Durch Bildbearbeitungsmethoden kann dieses Problem nicht behoben werden. Dazu gesellt sich eine weitere Problematik: Zumindest die helleren Sterne werden rein weiß und nicht mehr in ihrer natürlichen Farbe abgebildet. Wenn alle drei Farbkanäle Rot, Grün und Blau bis zur Sättigungsgrenze belichtet werden, ist die resultierende Farbe Weiß und die Information über die tatsächliche Farbe des Sterns verloren.
Unsere Wahrnehmung funktioniert ganz anders: Auch wenn es nicht der Realität entspricht, empfinden wir helle Objekte im Vergleich zu dunkleren als größer. Alle Sternkarten, ob auf Papier oder auf einem Bildschirm, tragen dem Rechnung und stellen helle Sterne mit einem größeren Durchmesser dar.

SANFT VERGRÖSSERT

Um fotografisch den visuellen Eindruck zu simulieren, benutzt man einen Weichzeichnungsfilter. Technisch darf Weichzeichnung nicht mit Unschärfe gleichgesetzt werden. Durch einen Weichzeichnungsfilter werden manche Lichtstrahlen ungehindert durch das Filter geleitet, andere werden ein wenig abgelenkt und gestreut.
So landet das gesamte Licht eines Sterns nicht nur auf wenigen Pixeln, sondern ein Teil davon wird in benachbarte Pixel umgelenkt. Je heller der Stern ist, desto mehr Licht fällt in den Bereich um den Stern herum und desto weiter weg vom eigentlichen Sternort wird das Licht noch sichtbar sein. Auf diese Weise werden helle Sterne mit einem großen Durchmesser abgebildet. In den Nachbarpixeln von hellen Sternen landet dabei aber so wenig Licht, dass diese nicht überbelichtet werden. Der „Hof“ um die hellen Sterne herum wird also die Eigenfarbe des Sterns deutlich zeigen. Damit schlägt der Weichzeichner zwei Fliegen mit einer Klappe.
Leider ist es nicht ganz so einfach, wie es vielleicht klingt. Erstens wirken nicht alle erhältlichen Weichzeichnungsfilter am Sternenhimmel in der

Das Sternbild Orion. Bei der rechten Aufnahme wurde ein Weichzeichnungsfilter verwendet, um die hellen Sterne realistischer darzustellen.

gewünschten Weise, zweitens sind Weichzeichnungsfilter im Sortiment der Filterhersteller inzwischen zur Mangelware geworden. Kein Wunder, denn bei der Portraitfotografie beispielsweise ist die Weichzeichnung mittels anschließender Bildbearbeitung viel schlauer als die Verwendung von Filtern. Für astronomische Zwecke jedoch sind wir auf die Filter angewiesen.

Eine weitere Problematik ergibt sich aus der gewünschten Stärke der Weichzeichnung. Ein Filter, das in Verbindung mit einem Weitwinkelobjektiv vielleicht die gewünschten Resultate erzielt, kann sich vor einem Teleobjektiv als zu stark erweisen. Manche Weichzeichnungsfilter sind oder waren in verschiedenen Wirkungsstärken zu haben. Experimentieren kann man damit, indem man das Filter nur vor das Objektiv hält und zum Beispiel nach Ablauf der halben Belichtungszeit wegnimmt. So kann man einen zu starken Weichzeichner bändigen. Doch auch das klappt nicht mit jedem Filter, denn teilweise werden die Sterne zu den Ecken des Bildes hin durch das Filter ein wenig verschoben, so dass im „Mischbetrieb" in den Bildecken Doppelsterne entstehen. Das gleiche Problem tritt auf, wenn man versucht, ein Bild ohne und ein Bild mit Filter durch Bildbearbeitung zu überlagern. Gerade bei Weitwinkelobjektiven ist dieses Phänomen regelmäßig zu beobachten.

Wer die Wahl hat, sollte ein Filter mit jenem Durchmesser erwerben, so dass es auf das dickste Objektiv im eigenen Objektivpark passt. Für alle Objektive mit kleinerem Filtergewinde gibt es preiswerte Reduzierringe.

Einen Hoffnungsschimmer in dem rapide schwindenden Angebot von Weichzeichnungsfiltern gibt es: Erste Filterhersteller haben offenbar Kunde

WEICHZEICHNUNGSFILTER

Hersteller/ Bezeichnung	Anmerkung
NiSi Star Soft	• Speziell für die Astrofotografie entwickelt • Sehr kostspielig • Rechteckige Scheiben, die in einem Halter vor dem Objektiv montiert werden
KASE Dream Star	• Speziell für die Astrofotografie entwickelt • Sehr kostspielig • Rechteckige Scheiben, die in einem Halter vor dem Objektiv montiert werden
Hoya Softon A	• Neu nur noch schwer erhältlich
Cokin P20, P30, P40	• Filterscheiben aus Kunststoff in drei verschiedenen Stärken • Meine erste Wahl ist der P20, der praktisch nicht mehr angeboten wird • Die Filterscheiben werden in eine Halterung vor dem Objektiv eingeschoben • Die Filter sind von unterschiedlicher Qualität (Serienstreuung)

von den Anforderungen der Sternfotografen erhalten und reagieren darauf mit speziellen Angeboten!

Am besten ist es, wenn du ohne aufgesetztes Filter scharfstellst. Die Weichzeichnerwirkung erschwert das Fokussieren erheblich.

Solltest du in irgendeiner Schublade oder auf einem Fotoflohmarkt einen Weichzeichnungsfilter finden, musst du ihn am Himmel auf seine Eignung testen. Manche der Weichzeichner machen in der Alltagsfotografie einen durchaus guten Job, versagen aber am Sternenhimmel. Ein gutes Beispiel dafür sind die hochpreisigen Softare von Zeiss. Wenn du ein bisschen experimentieren und dir einen geeigneten Weichzeichner selbst herstellen möchtest, empfehle ich zunächst den Erwerb von

Weichzeichnungsfilter zum Einschrauben und in Halterung

Selbstgebauter Weichzeichnungsfilter

Aufnahme eines Sterns ohne und mit künstlich erzeugten Strahlen

zwei farblosen UV-Filtern in dem gewünschten Durchmesser. Die Oberseite des einen Filters kannst du zum Beispiel extrem leicht, aber möglichst gleichmäßig mit Haarspray behandeln. Den zweiten Filter schraubst du dann darauf, um die empfindliche Sprühschicht zu schützen. Fällt die Wirkung zu stark aus, kann das eingesprühte Filter mit Seife gewaschen und nach der Trocknung erneut behandelt werden. Ist die Wirkung wunschgemäß, sollten die zwei verschraubten Filter viele Jahre lang gute Dienste leisten können.

STRAHLEN ERZEUGEN

Auf vielen künstlerischen Darstellungen und auch auf manchen Fotos haben helle Sterne deutliche Strahlen. Manchmal sind es vier, manchmal sechs oder auch noch mehr als sechs. Das ist durchaus gefällig, aber es muss klar und deutlich gesagt werden, dass die Sterne in der Realität solche Strahlen nicht haben. Eine perfekte Sterndarstellung auf einem Foto wäre demnach ein simpler Punkt. Sichtbare Strahlen sind immer ein Artefakt, der durch Beugung des Lichts an einem Hindernis entsteht.Auf Astrofotos, die mit einem Spiegelteleskop aufgenommen wurden, sind es die Halterungen des kleinen Fangspiegels, die Lichtbeugung und damit Sternstrahlen verursachen. Wenn Fotoobjektive zum Einsatz kommen, sind es die Kanten der Blendenlamellen, die Strahlen hervorrufen können. Dazu muss die Blende ein wenig geschlossen werden und die Kanten der Blendenlamellen müssen entsprechend geformt sein, am besten als gerade Kante. Bei voll geöffneter Objektivblende sollte es keine Sternstrahlen geben. Wenn du gerne Sternstrahlen auf deinen Fotos haben möchtest, gibt es dazu prinzipiell zwei Möglichkeiten. Entweder sorgst du schon bei der Aufnahme für deren Entstehung oder du verwendest eine Software, die das im Rahmen der Bildbearbeitung erledigt (siehe Seite 157).

Sternstrahlen bei der Aufnahme

Am einfachsten ist es, wenn du die Objektivblende minimal schließt, ausgehend von der maximalen Blendenöffnung eine Drittelstufe. Dann machst du eine Testaufnahme vom Sternenhimmel und schaust dir die hellen Sterne an. Haben sie Strahlen und gefallen sie dir? Das Ergebnis hängt von der Form der Blende ab und variiert von Objektiv zu Objektiv. Manchmal sind die entstehenden Strahlen zu ungleichmäßig, manchmal zu dick oder zu unscharf.
Alternativ kannst du das Objektiv auch bei voll geöffneter Blende benutzen und durch selbstgebaute Vorsätze für die Entstehung von Sternstrahlen sorgen. Optimal sind dünne Drähte, die du vor der Frontlinse oder über den vorderen Rand der Störlichtblende spannst. Dabei gilt, dass im Winkel von 90 Grad zum Verlauf des Drahts zwei Strahlen zu beiden Seiten der Lichtquelle entstehen! Ziehst du nur einen horizontalen Draht, werden die hellen Sterne zwei vertikale Strahlen bekommen. Bei einem Kreuz aus zwei Drähten entstehen vier Strahlen. Bei einem „Peace-Zeichen“ aus drei Drähten, die vor der Frontlinse nur bis zur Linsenmitte reichen, werden sechs Strah-

1

1. Je nach Form der Blende zeigt der Stern unterschiedliche Strahlen.

2. Mit vor dem Objektiv angebrachten Drähten kann man Sternstrahlen erzeugen.

3. Sterneffekt-Filter zum Aufschrauben

2

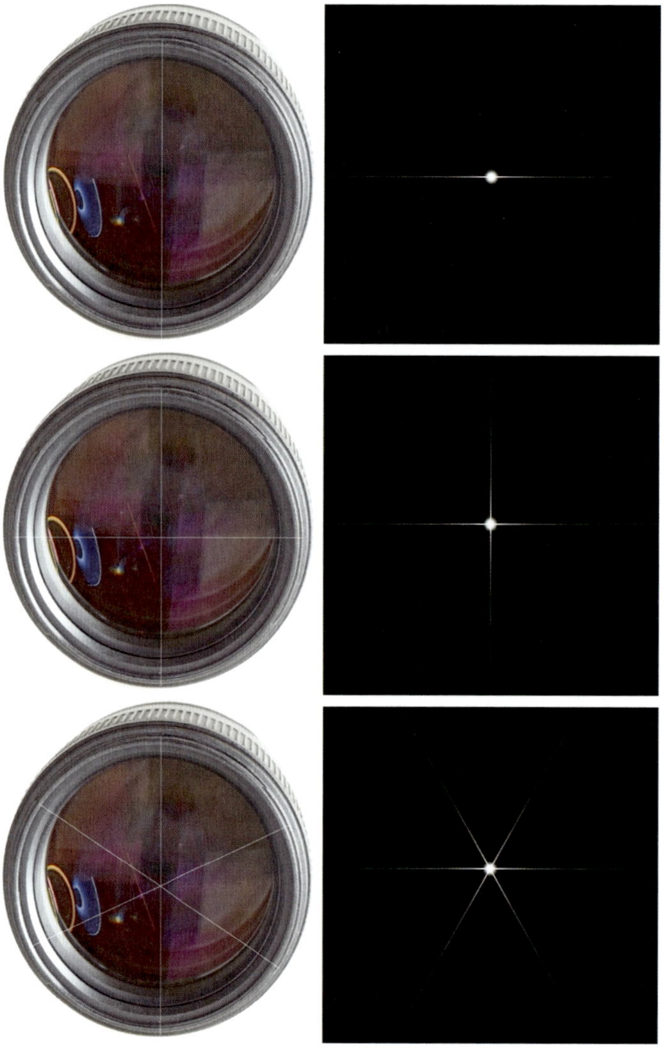

3

len erzeugt. Der Fotohandel bietet spezielle Sterneffekt-Filter an, in die feine Linien eingeätzt sind, die für die Beugung des Lichts und die Strahlenentstehung sorgen. Derartige Filter sind mit einem Schachbrettmuster für vier Strahlen, mit 120-Grad-Winkeln für sechs Sternstrahlen und mit 45-Grad-Winkeln für acht Sternstrahlen erhältlich.

STERNFARBEN DURCH UNSCHÄRFE

Zu Beginn dieses Kapitels wurde schon von den Farben der Sterne berichtet. Bei sehr hellen Sternen können die Farben bereits mit bloßen Augen wahrgenommen werden. Das spannende daran ist: Die Farben

lassen direkte Rückschlüsse auf die Oberflächentemperaturen der Sterne zu. Rote Sterne sind relativ kühl. Heißere Sterne sind orange, gelb, weiß oder blau. Tatsächlich ist ein rotglühendes Eisen im Kohlefeuer nicht so heiß wie die blaue Flamme eines Schweißbrenners!
Eine kreative Methode, die Farben der Sterne zu fotografieren, besteht darin, sie absichtlich unscharf abzubilden. Dann wird das Licht eines Sterns nicht auf wenige Pixel konzentriert, sondern über eine größere Fläche auf dem Bildsensor verteilt. Den Pixeln droht dadurch nicht die Gefahr der Überbelichtung, so dass die Sternfarben gut und realistisch wiedergegeben werden. Diese Technik ist eine Spielwiese für fotografische Experimente! Versuche doch mal, den Fokus während einer Langzeitbelichtung zu verstellen. Und währenddessen vielleicht sogar die Kamera noch langsam zu verschwenken. Oder fokussiere auf ein attraktives Motiv im Vordergrund, so dass die Sterne im Hintergrund unscharf abgebildet werden.
Am beeindruckendsten sind Farbkontraste, wenn möglichst unterschiedliche Sternfarben auf einem Bild zu sehen sind. Gerne wird daher einer der auffallend rötlichen Sterne ins Visier genommen. Im Sommer bietet sich dazu Antares, der Hauptstern im Skorpion an. Im Winter Beteigeuze im Orion oder Aldebaran im Stier. Wenigstens orange leuchtet Arktur im Bärenhüter zur Frühlingszeit.

Sternbild Kreuz des Südens mit stufenweise unscharf gestellten Sternen, wodurch die Farben der Sterne deutlich werden.

Strichspuraufnahmen

Eine sehr lohnenswerte Variante der Sternfotografie sind Strichspuraufnahmen. Darunter versteht man die Darstellung der Sterne in Form von Linien, die sie aufgrund der Himmelsdrehung auf lang belichteten Fotos hinterlassen.

DIE ERDDREHUNG FESTHALTEN

Der „Klassiker" unter den Strichspuraufnahmen sind Fotos, auf denen der Himmelsnordpol (Polarstern) oder der Himmelssüdpol (Standort auf der Südhalbkugel der Erde) im erfassten Gesichtsfeld sind. Dann ziehen die Sterne konzentrische Kreise um den Himmelspol herum.
Richtet man die Kamera hingegen genau nach Osten oder Westen, hinterlassen die Sterne, die dort auf- oder untergehen, gerade, nicht gebogene Strichspuren. Weiter nördlich und südlich stehende Sterne hinterlassen sehr wohl Bögen, die in gegensätzlicher Richtung gekrümmt sind. Das ist auch eine interessante Option!
Blickt die Kamera nach Süden (Bei einem Standort auf der Südhalbkugel der Erde nach Norden), werden kleine Bögen von Sternen sichtbar, die aufgehen, danach nur eine geringe Höhe erreichen und alsbald wieder untergehen.

Sternspuren über dem Horizont

Generell gilt, dass die Spuren der Sterne desto unterschiedlicher ausfallen, je größer der Bildwinkel des verwendeten Objektivs ist (Weitwinkel, Fisheye). Bei langen Brennweiten und kleinen Bildwinkeln (Tele) verlaufen die Spuren der Sterne auf dem Foto eher gleichmäßig und parallel.
Eine gute Strichspuraufnahme profitiert von einem attraktiven Vordergrund. Möchtest du den Vordergrund etwas aufhellen, kannst du ihn zum Beispiel mit einer Taschenlampe anstrahlen. Das musst du strenggenommen nur bei einer einzigen Aufnahme der gesamten Serie tun. Um Fehler auszuschließen, empfehle ich eine Beleuch-

VORSICHT VOR DER SONNE

Achte darauf, dass im Gesichtsfeld der Kamera zu einem späteren Zeitpunkt nicht die Sonne aufgeht. Scheint sie bei der eingestellten, langen Belichtungszeit ins Objektiv, könnte der Bildsensor der Kamera beschädigt werden.

1

2

1. Aufgrund der Erdrotation ziehen die Sterne in Kreisen um den Himmelspol

2. Beim Blick nach Osten oder Westen scheinen die Sterne auf nahezu parallelen Bahnen zu verlaufen.

Fernauslöser mit Verriegelungsmöglichkeit

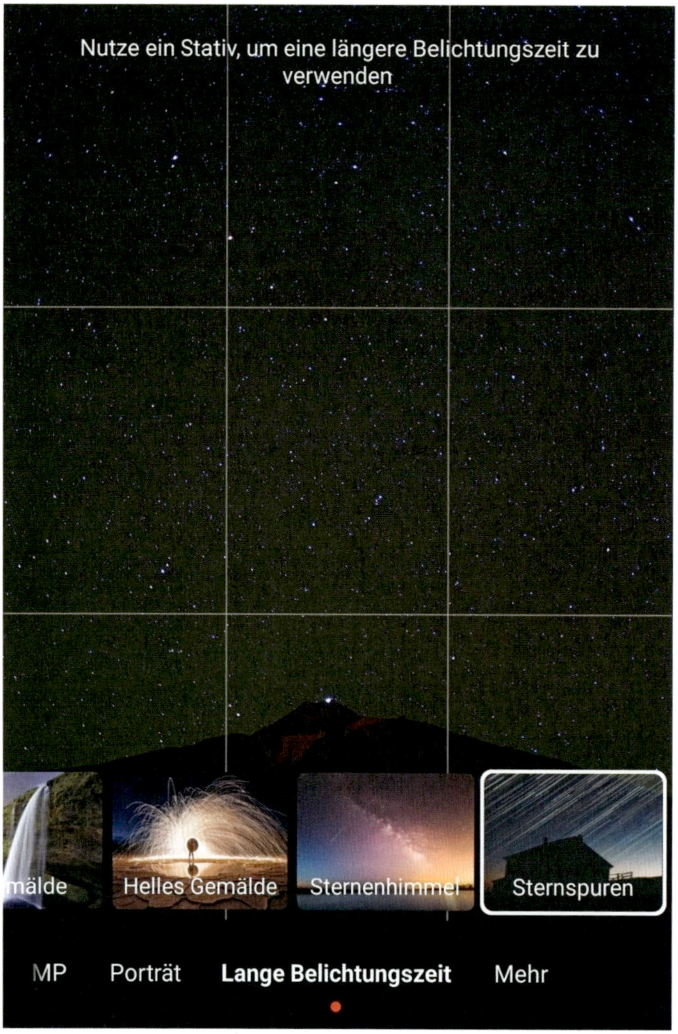

Screenshot einer Kamera-App für Strichspuren

tung ganz zu Beginn und eine ganz am Ende der Aufnahmeserie. Dann kannst du dir später die am besten gelungene aussuchen und die andere bei der Berechnung des Endergebnisses einfach weglassen.

ALLES EINSTELLEN UND ABWARTEN

Digitalkameras mögen allerdings keine sehr langen Belichtungen, weil das Bildrauschen dann überhandnimmt. Daher empfiehlt sich die folgende Vorgehensweise:

- Stelle die Kamera auf manuelle Belichtung „M“ ein und entscheide dich für 30 Sekunden Belichtungszeit.
- Starte mit einem ISO-Wert von 400
- Schließe die Blende um einen Belichtungswert, also z. B. bei Lichtstärke 2,8 auf 4,0.
- Fokussiere manuell auf „Unendlich“.
- Wähle als Dateiformat „RAW + JPG“.
- Mache eine Testaufnahme und beurteile Belichtung und Schärfe. Ist die Testaufnahme zu dunkel, sollte der ISO-Wert erhöht werden. Ist sie zu hell, kann die Blende weiter geschlossen werden.
- Wähle an der Kamera den „Serienbildmodus“, auch „Reihenaufnahme“ genannt.
- Schließe einen Kabelauslöser an, bei dem sich der Auslöser verriegeln lässt. Die Kamera macht nun alle 30 Sekunden ein Bild ohne eine Pause dazwischen einzulegen. Das endet erst, wenn du den Auslöser entriegelst, der Akku leer oder die Speicherkarte voll ist.

- Warte zumindest zwei Fotos ab, bevor du die Kamera unbeaufsichtigt weiterarbeiten lässt.
- Beende die Aufnahmeserie nach frühestens 30 Minuten.

Die Berechnung der fertigen Strichspuraufnahme aus den gewonnenen Einzelfotos wird mit der Software *StarTrails* oder *StarStax* (siehe Seite 157) vorgenommen.

Mit dem Handy live dabei

Wenn du ein Smartphone benutzt, musst du in der Kamera-App nachschauen, ob es eine spezielle Aufnahmefunktion für Strichspuraufnahmen von Sternen gibt. Ist das nicht der Fall, bleibt nur die Suche nach einer alternativen Kamera-App, die eine solche Funktion zu bieten hat. Die Strichspuraufnahme wird dann bereits während der Aufnahme im Smartphone berechnet. Der Fortschritt lässt sich live auf dem Handydisplay verfolgen. Ein ähnlich spannendes Fotografiererlebnis bieten übrigens auch manche Kameras von OM System/Olympus.

Bei spiegellosen Kameras empfiehlt sich die Verwendung des elektronischen Verschlusses.

Mit dem Handy gemachte Strichspuraufnahme des Südhimmels

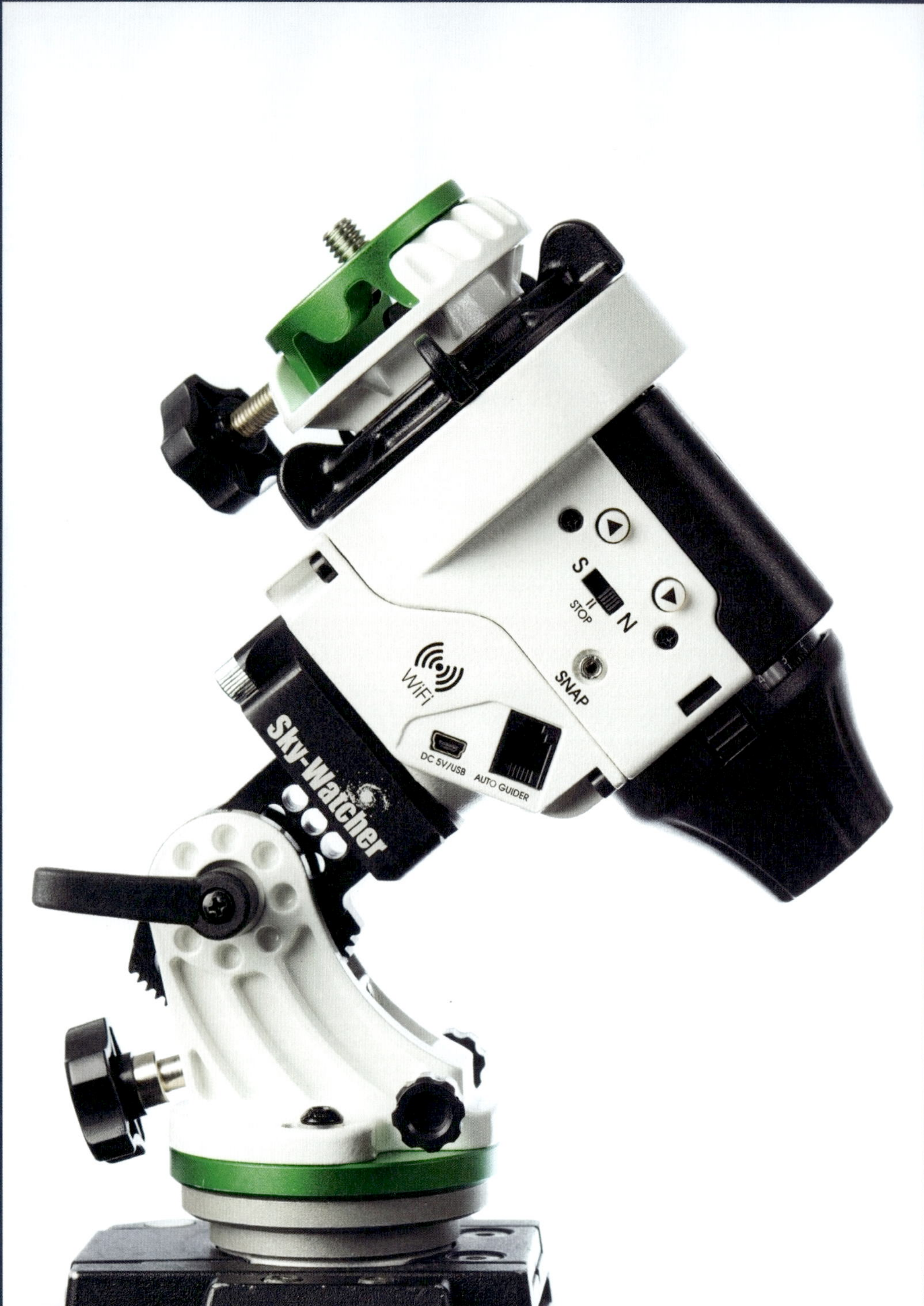

Das Werkzeug für lange Belichtungen mit punktförmigen Sternen: der „Startracker“

Der Himmelsdrehung folgen

Wie gehört, gelesen und erlebt, befindet sich der gesamte Himmel mit all seinen Objekten in einer kontinuierlichen Drehbewegung, die durch die Rotation der Erde um ihre Achse einmal pro Tag hervorgerufen wird.

Die Konsequenz davon ist, dass die Sterne nicht als Punkte, sondern strichförmig abgebildet werden, wenn du sie zu lange belichtest. Abhilfe schafft eine Nachführeinheit, auch „Astronomische Montierung" genannt. Transportable Ausführungen werden mitunter als „Reisemontierung" oder „Startracker" vermarktet. Darunter zu verstehen ist eine mechanische Konstruktion mit einer motorisch angetriebenen Achse. Diese „Stundenachse" wird parallel zur Erdachse ausgerichtet und vollendet eine Drehung in 23 Stunden und 56 Minuten – das ist die Dauer einer Erdrotation, auch Sterntag genannt. Die Kamera samt Objektiv wird auf dieser Ache befestigt und dreht sich daher mit. Dadurch folgt die Kamera der langsamen, bedächtigen Himmelsdrehung auf perfekte Weise, so dass du auch bei langen Belichtungszeiten punktförmige Sterne auf deinen Fotos erreichst. Um den Nachführmotor nicht zu überlasten, muss die Kamera nahe der Antriebsachse montiert sein.

Nachführeinheiten und Montierungen gibt es in allen Gewichts- und Preisklassen. Um eine handelsübliche Fotokamera mit einem Weitwinkelobjektiv oder ein Smartphone den Sternen nachzuführen, reichen schon kleine und transportable Ausführungen, die auf einem stabilen Fotostativ befestigt werden.

Die Anforderungen an die Stabilität steigen, wenn längere Brennweiten oder längere Belichtungszeiten zur Anwendung kommen sollen. Eine astronomische Montierung kann niemals stabil genug sein, weiß jeder Hobbyastronom. Daher würde ich im Zweifelsfall zu der jeweils größeren und schwereren Nachführeinheit raten. Doch das Gewicht spielt eine größere Rolle, wenn die Nachführeinheit auf Reisen im Gepäck sein soll, vielleicht sogar auf Flugreisen.

Kurze Brennweiten sind einfacher zur handhaben als lange.

Die Montierung aufstellen

Voraussetzung für eine präzise Nachführung ist die möglichst korrekte Justage der Antriebsachse parallel zur Erdachse. Dieser Vorgang wird auf der Nordhalbkugel der Erde „Einnordung“ genannt, auf der Südhabkugel „Einsüden“.

Das Einnorden ist vergleichsweise simpel, denn in erster Näherung muss die Antriebsachse nur auf den gut sichtbaren Polarstern zielen. Die Antriebsachse ist bei vielen Montierungen hohl, wobei darin ein kleines Fernrohr steckt, mit dem der Polarstern anvisiert werden kann. Dieses Minifernrohr wird kurz „Polsucher“ genannt. Der Polarstern ist derzeit zwar 0,75 Grad (= 1,5 Vollmonddurchmesser) vom echten Himmelsnordpol entfernt, doch für eine grobe Einnordung reicht es aus, wenn man ihn mit dem Polsucher anvisiert.

NACHFÜHRENDE BILDSENSOREN

Der Kamerahersteller Pentax ist auf eine geniale Idee gekommen: Man kann ja den wegen der Bildstabilisierung ohnehin beweglich gelagerten Bildsensor dafür nutzen, ihn bei lang belichteten Himmelsaufnahmen dem Lauf der Sterne folgen zu lassen. „Astrotracer“ wird dieses Feature genannt und findet sich in einigen Spiegelreflexkameras des Herstellers.

Ist die Einnordung abgeschlossen, muss die Antriebsachse in dieser Position verbleiben und darf nicht mehr verstellt werden.
Anschließend wird die Kamera befestigt, am besten auf einem Kugelkopf, der seinerseits mit der Antriebsachse verbunden ist. Somit kann die Kamera auf jeden beliebigen Punkt des Himmels, also auf das gewünschte Motiv, ausgerichtet werden. Wenn der Motor eingeschaltet ist und die Achse weiterdreht, folgt die Kamera der Himmelsdrehung. Bei den meisten Montierungen lässt sich die Drehrichtung der Achse umkehren, je nachdem, ob man auf der Nord- oder Südhalbkugel der Erde beobachtet. Wichtig ist es natürlich, die zutreffende Einstellung vorzunehmen.

WAS IST GENAU GENUG?

Wie exakt die Antriebsachse der Montierung auf den wahren Himmelspol zeigen muss, hängt in erster Linie davon ab, welche Brennweite du benutzen und wie lange du ein einzelnes Foto belichten möchtest. Je länger die Brennweite des Objektivs ist und je länger die Belichtung dauert, desto genauer muss eingenordet werden.
Beträgt die gewünschte Belichtungszeit maximal eine Minute, muss du es mit dem Einnorden nicht

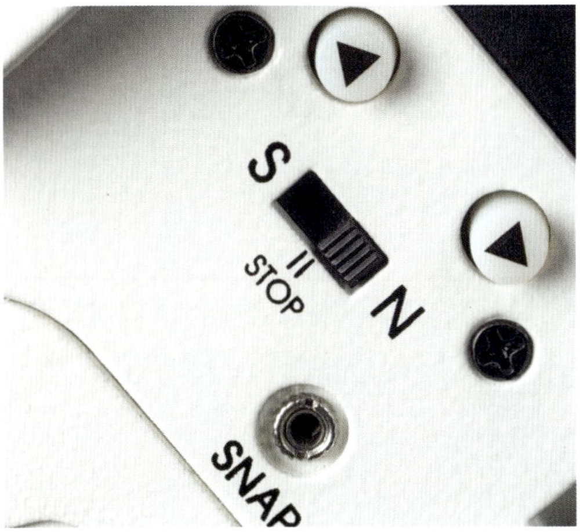

Je nach Hemisphäre muss der Startracker auf „N“ oder „S“ eingestellt sein.

Die geografische Breite des Standorts kann direkt am Startracker eingestellt werden.

so genau nehmen. Eine Ausrichtung auf den Polarstern reicht dann völlig aus. An Standorten ohne Sicht zum Polarstern kannst du es sogar mit einer noch einfacheren Variante des Einnordens versuchen: Stelle den Winkel der Antriebsachse so ein, dass er dem geografischen Breitengrad des Beobachtungsortes entspricht, also zum Beispiel auf 50 Grad, wenn du in Frankfurt/Main fotografierst. Zusätzlich muss die Achse nach Norden zeigen, was mit einem guten Kompass schnell erledigt ist. Die Genauigkeit von Kompass-Apps hängt von den im Smartphone verbauten Sensoren ab und ist nicht bei allen Geräten sehr zuverlässig.

Bei deutlich längeren Belichtungszeiten ist es ratsam, auf den wahren Himmelspol und nicht auf den Polarstern zu zielen. Verfügt die Nachführeinheit über ein Polsucherfernrohr, ist beim Blick durch dieses eine Skala zu sehen, die anzeigt, wo der Polarstern platziert werden muss, damit die Antriebsachse auf den wahren Himmelspol zeigt. Dazu musst du nur wissen, wo der Polarstern im Augenblick relativ zum Himmelspol steht, denn er kreist natürlich auch in 23 Stunden und 56 Minuten einmal um den Pol herum. Weiterhin ist zu beachten, dass der Blick durch ein Fernrohr oder ein Polsucherfernrohr das Bild auf den Kopf stellt. Steht also der Polarstern zum Zeitpunkt der Einnordung genau „rechts“ des Himmelsnordpols, muss er im Polsucherfernrohr genau links von der Bildmitte an dem vorgesehenen Ort platziert werden. Wie der Polarstern gerade relativ zum Polarstern orientiert ist, kann mit *Stellarium* oder speziellen Apps ermittelt werden.

EINSÜDEN

Solltest du mit deiner Nachführeinheit auf der Südhalbkugel der Erde beobachten, wird die An-

LANDSCHAFT UND STERNE

Folgt die Kamera dem Lauf der Sterne, wird die Landschaft darunter mit der Zeit unscharf. In diesem Fall ist die Nachführung mit halber Geschwindigkeit sinnvoll („0,5x“). Das ist sozusagen ein Kompromiss zwischen Sternen und Landschaft, wobei man natürlich nicht endlos lange belichten darf.

1. Die App Polaris View zeigt die aktuelle Position des Polarsterns an.

2. Auch die Software Stellarium kann man verwenden, um den nördlichen Himmelspol neben dem Polarstern auszumachen.

1

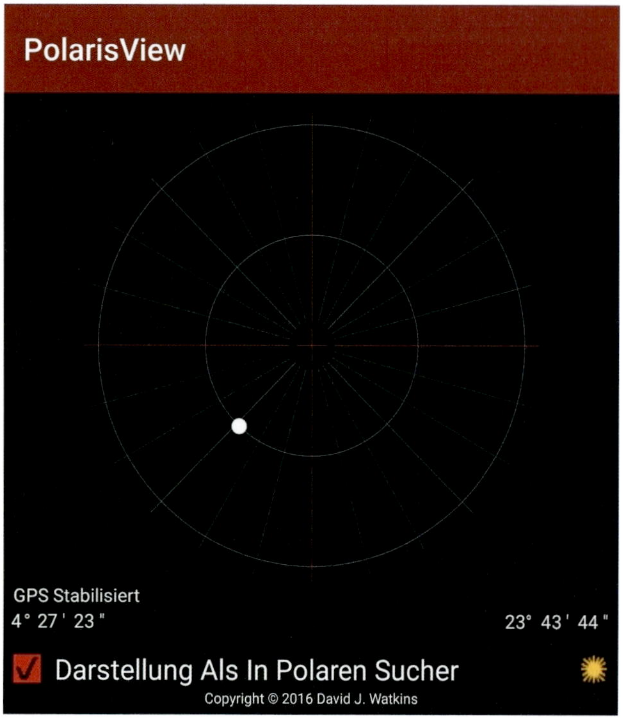

2

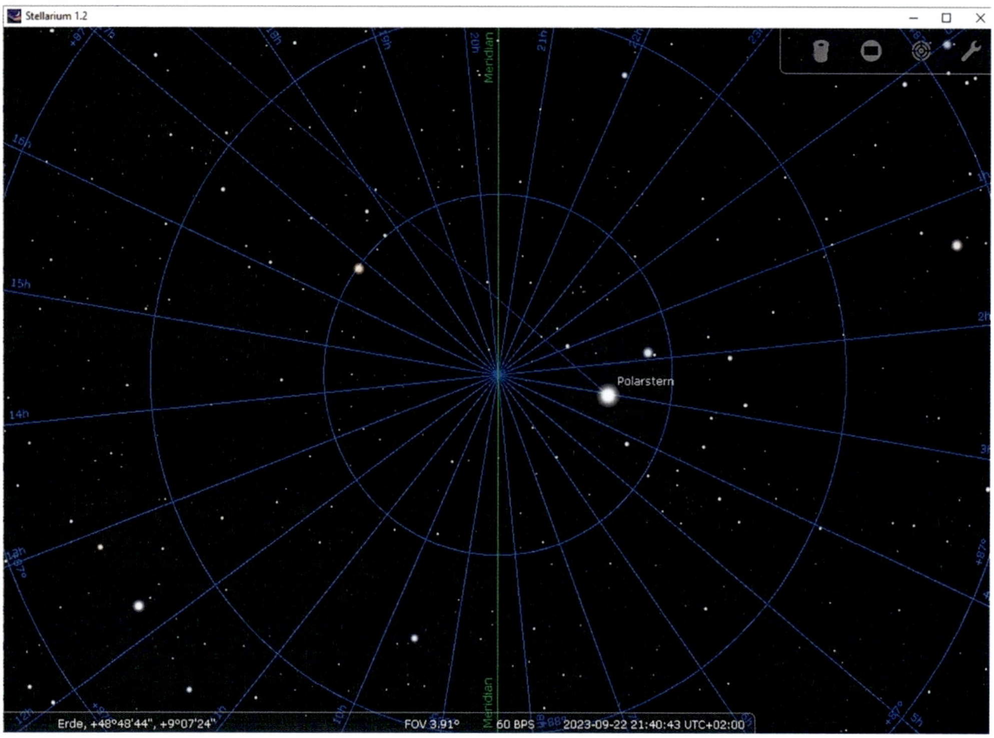

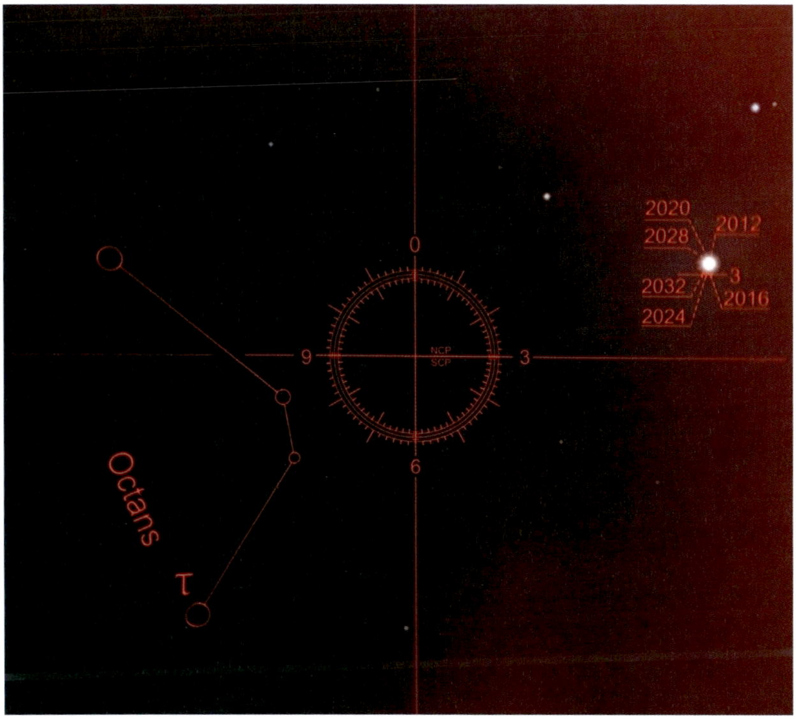

Mit einem Polsucherfernrohr gelingt die Ausrichtung der Montierung schnell und exakt.

triebsachse auf den Himmelssüdpol ausgerichtet. Das ist bedeutend anspruchsvoller als das Einnorden, weil es im Süden keinen „Polarstern“ gibt. Im Gegenteil: Die Region um den Himmelssüdpol herum ist vergleichsweise arm an gut sichtbaren Sternen. Der Pol liegt im Sternbild Oktant, das auch nicht besonders auffällig und einprägsam ist. Die „Figur“ des Sternbildes Oktant besteht nur aus drei mittelhellen Sternen, bildet also ein Dreieck. Keiner der drei Sterne steht dem Himmelspol wirklich nahe. In der Markierung der Polsucherfernrohre ist daher meist die Position von vier lichtschwächeren Sternen des Oktanten markiert, die ein Trapez bilden. Maximal drei dieser vier Sterne können, mit scharfen Augen unter guten Beobachtungsbedingungen, erkannt werden. Daher ist es kniffelig, dieses Sternentrapez im Polsucher an die richtige Stelle und in die richtige Position zu bugsieren. Vergiss nicht, die Betriebsart auf „Südhalbkugel“ umzustellen, um die Drehrichtung der Antriebsachse umzukehren. Auf der Südhalbkugel kreisen die Sterne nämlich im Uhrzeigersinn um den Pol, auf der Nordhalbkugel gegen den Uhrzeigersinn.

Bitte kalkuliere entsprechend Zeit für das Einnorden und besonders das Einsüden ein, vor allem, wenn du es noch nie gemacht hast. Nach etwas Übung und bei regelmäßiger Durchführung ist das Ausrichten der Montierung eine Sache von wenigen Minuten.

MOTIVE DES NACHT-HIMMELS

Ein fernes Ziel, sowohl in Bezug auf die Entfernung als auch den astrofotografischen Anspruch: unsere Nachbargalaxie im Sternbild Andromeda.

Die Milchstraße

Wenn das Fotografieren von Sternen und Sternbildern gut klappt, wartet auf dich eine Fülle anderer spannender und attraktiver Fotoziele am Nachthimmel. Los geht's mit der Milchstraße, unserer Heimatgalaxie.

Unsere Sonne ist einer von 200 Milliarden Sternen, die in ihrer Gesamtheit unsere Galaxis bilden. Das ist eine riesige, scheibenförmige Struktur, die in der Mitte dicker, zum Rand hin dünner ist. Ihr Durchmesser beträgt sage und schreibe 100.000 Lichtjahre, was bedeutet, dass selbst das pfeilschnelle Licht diese Zeit benötigt, um vom einen zum gegenüberliegenden Rand zu gelangen. Im Mittelpunkt thront ein „Schwarzes Loch", das rund 25.500 Lichtjahre von der Erde entfernt ist. Unser Sonnensystem befindet sich daher auf halber Strecke zwischen dem Zentrum und dem Rand der Galaxis.

DER BLICK VON INNEN NACH AUSSEN

Da unser Planetensystem in diese Scheibe eingebunden ist, kann es niemals gelingen, von außerhalb einen Blick oder ein Foto von der gesamten Galaxis zu bekommen. Von der Erde aus betrachtet gibt es im Wesentlichen die beiden folgenden Perspektiven:

An der Milchstraße vorbei

Schauen wir nach oben oder unten aus der liegenden Scheibe in die Weite des tiefen Universums hinaus, kreuzt unser Blick nur relativ wenige Sterne. Dann bietet sich uns der klassische, bekannte Sternenhimmel mit seinen Sternbildern.

In die Milchstraße hinein

Schaut man jedoch in die Ebene der sternreichen Scheibe, häufen sich die Sterne, die sich in der Blickrichtung in unterschiedlicher Entfernung befinden. Durch die Scheibenform der Galaxis ergibt sich ein Band aus zahllosen Sternen, das einen Vollkreis bildet und den Nord- sowie den Südhimmel durchzieht. Dieses Band

Dass es außer unserer Milchstraße noch andere Galaxien gibt, ist erst seit etwa hundert Jahren bekannt. Vor dieser Entdeckung war die Rede von dem „Andromedanebel", seitdem sprechen wir von der Andromedagalaxie.

Das Zentrum der Milchstraße im Bereich der Sternbilder Skorpion und Schütze erhebt sich von Mitteleuropa aus gesehen nur wenig über den Horizont.

leuchtet diffus, ohne dass das bloße Auge die Einzelsterne auflösen kann. Daher wird es Milchstraße genannt. Von diesem Vollkreis sieht man zu einem Zeitpunkt maximal die Hälfte, der Rest befindet sich unterhalb des Horizonts. Einen Teil der Milchstraße bekommt man von Europa aus nie zu Gesicht, solange man nicht eine Reise nach Süden, am besten auf die Südhalbkugel der Erde unternimmt.

EINE SACHE DER PERSPEKTIVE

Der Vollkreis der Milchstraße ist kein gleichmäßiges Band, sondern hat unterschiedlich helle und dunkle Bereiche zu bieten. Richtet sich unser Blick hin zum sternreichen Zentrum der Galaxis, sehen wir die Sternbilder Schütze und Skorpion, eingebettet in eine helle, breite und strukturierte Milchstraße. In der Gegenrichtung schauen wir zum äußeren Rand, wo sich bedeutend weniger Sterne aufhalten. Dort erscheint uns die Milchstraße ziemlich lichtschwach, dünn und wenig strukturiert. Diese weniger attraktiven Abschnitte ziehen durch die Sternbilder Fuhrmann, Perseus und Kassiopeia. Zwischen diesen beiden Extremen ist die Milchstraße mittelhell.

Wer in einer größeren Stadt wohnt, hat die Milchstraße vielleicht noch nie gesehen. Unter guten Bedingungen jedoch, abseits störender Lichtquellen, ist die Milchstraße ein auffälliges Objekt am dunklen Nachthimmel, das nicht übersehen werden kann. In manchen südlichen Ländern leben nur wenige Menschen, daher gibt es weniger Störlicht. Das „galaktische Zentrum“, wie die Mitte der Milchstraße auch genannt wird, steht dort zeitweise im Zenit. Dann führt die Milchstraße zu einer allgemeinen Aufhellung der Landschaft, ja sogar zu einem leichten Schattenwurf.

ERFOLG IM SOMMER UND IM WINTER

Die besten Milchstraßenfotos gelingen im Sommer, wenn der Blick zum Zentrum der Galaxis möglich ist. Es wird regelrecht von der „Sommermilchstraße" gesprochen. Leider steigt das galaktische Zentrum in den deutschsprachigen Ländern nicht sehr hoch über den südlichen Horizont. Die Horizontnähe erschwert gute Beobachtungsbedingungen. Der Sommermilchstraße gegenüber liegt die „Wintermilchstraße". In den Wintermonaten steht sie hoch am Himmel, ist aber nur lichtschwach und weniger fotogen. Im Frühling und im Herbst ist die Milchstraße kein gutes Motiv, weil sie oft entlang des Horizonts verläuft und in dieser tiefen Lage praktisch unsichtbar ist.

Doch der Sternenhimmel wechselt zwischen den Jahreszeiten nicht ruckartig, sondern kontinuierlich sein Aussehen. Daher kann dir die Tabelle unten für die optimale Planung deiner Milchstraßenfotos nützlich sein.

Die südliche Milchstraße in voller Pracht.

BESTE BEOBACHTUNGSZEITEN FÜR DIE SOMMERMILCHSTRASSE

Monat	Uhrzeit
April*	5:00 Uhr MESZ
Mai	4:00 Uhr MESZ
Juni	2:00 Uhr MESZ
Juli	0:00 Uhr MESZ
August	22:00 Uhr MESZ
September*	21:00 Uhr MESZ
Oktober*	20:00 Uhr MESZ

* Die Monate April, September und Oktober sind nicht optimal geeignet. Im April muss kurz vor dem Einsetzen der Morgendämmerung, im September und Oktober unmittelbar nach Einbruch der Dunkelheit fotografiert werden.

BESTE BEOBACHTUNGSZEITEN FÜR DIE WINTERMILCHSTRASSE

Monat	Uhrzeit
September*	5:00 Uhr MESZ
Oktober	5:00 Uhr MESZ
November	2:00 Uhr MEZ
Dezember	0:00 Uhr MEZ
Januar	22:00 Uhr MEZ
Februar	20:00 Uhr MEZ
März*	20:00 Uhr MEZ

* Die Monate September und März sind nicht optimal geeignet. Im September muss kurz vor dem Einsetzen der Morgendämmerung, im März unmittelbar nach Einbruch der Dunkelheit fotografiert werden.

BESTE BEOBACHTUNGSZEITEN FÜR DIE MILCHSTRASSE AM SÜDHIMMEL

Monat	Uhrzeit
Februar	5:00 Uhr
März	5:30 Uhr
April	5:30 Uhr
Mai	3:30 Uhr
Juni	1:30 Uhr
Juli	23:30 Uhr
August	21:30 Uhr
September	20:00 Uhr
Oktober	20:00 Uhr

Die Uhrzeiten dieser Tabelle sind grobe Ortszeiten und lediglich Anhaltspunkte. Auf die Minute kommt es nicht an, auch eine Stunde vorher und nachher sind die Bedingungen sehr gut. Im Februar und März muss kurz vor dem Einsetzen der Morgendämmerung, im September und Oktober unmittelbar nach Einbruch der Dunkelheit fotografiert werden.

SO GELINGEN GUTE MILCHSTRASSENFOTOS

Nicht nur die Jahres- und Uhrzeit sind für schöne Milchstraßenfotos wichtig, zu achten ist auch auf gute Rahmenbedingungen. Daher die folgenden Tipps:

- Fotografiere die Milchstraße an einem dunklen Standort fernab großer Städte. Je weniger künstliches Licht von Siedlungen den Nachthimmel aufhellt, desto brillanter werden deine Milchstraßenfotos.
- Zu bevorzugen ist eine Nacht mit besonders guter Transparenz, also ohne Nebel, Dunst oder Schleierbewölkung. Tagsüber sind solche Wetterlagen an der tiefblauen, in Höhenlagen fast stahlblauen Himmelsfarbe erkennbar. Bei Nacht an der Vielzahl der mit dem bloßen Auge sichtbaren Sterne. Kleine, scharf umgrenzte Wölkchen in der Milchstraße sind kein Problem.
- Mondlicht stört! Wähle eine mondlose Nacht oder achte darauf, dass der Mond zur geplanten Beobachtungszeit entweder schon untergegangen oder noch nicht aufgegangen ist.
- Besonders stimmungsvoll werden Fotos, wenn du auch einen imposanten Vordergrund abbildest, etwa Bäume oder Menschen. Sind es Menschen, müssen sie für die Dauer der Belichtung möglichst regungslos stehenbleiben.

Weil das Band der Milchstraße im optimalen Fall den ganzen Himmel überspannt und sich daher über 180 Grad ausbreitet, sind große Bildwinkel gefragt, also kurze Brennweiten (Weitwinkelobjektive). Das verschafft beim Fotografieren Vorteile, denn die maximal zulässige Belichtungszeit für punktförmige statt strichförmiger Sterne (siehe Seite 50) ist vergleichsweise lang und die Schärfentiefe (siehe Seite 26) für eventuelle Vordergrundmotive ausgedehnt. Selbst Fischaugenobjektive können zum Einsatz kommen, seien es welche, die das gesamte Sensorformat ausleuchten oder solche, die ein kreisrundes Bild liefern und den gesamten Himmel erfassen.

Nicht immer muss die Milchstraße vom Horizont über den Zenit bis zum Horizont verlaufen, wenn man sie fotografieren möchte. Eine im Winkel zum Horizont geneigte Milchstraße kann ebenso spannend sein wie ein riesiger Milchstraßenbogen, der wie ein großer Regenbogen am Nachthimmel prangt. Abermals empfehle ich, die Position der Milchstraße zu einer bestimmten Uhrzeit mit der Software *Stellarium* zu simulieren und sich dazu den Bildwinkel des verwendeten Objektivs einzublenden.

Soll ein längerer Abschnitt der Milchstraße fotografiert werden als das zur Verfügung stehende Objektiv erfassen kann, kannst du mehrere Einzelaufnahmen machen, die im Nachhinein zu einem Panorama zusammengesetzt werden.

Menschen vor der Milchstraße
werten das Bild auf, verlangen von den Personen aber etwas Geduld.

Fischaugenbild der Milchstraße, aufgenommen in Namibia. Der zarte Schein von unten nach oben ist keine Lichtverschmutzung, sondern das sogenannte Zodiakallicht (siehe Seite 86).

Die gleiche Technik bietet sich an, um einen Milchstraßenbogen als Ganzes abzubilden oder das Band der Milchstraße von Horizont zu Horizont in der ganzen Länge darzustellen. Wer hin und wieder die Südhalbkugel der Erde bereist, kann von dort aus versuchen, über Monate hinweg ein vollständiges Milchstraßenpanorama über 360 Grad zusammenzubekommen!
Milchstraßenfotos zeigen mehr, als das bloße Auge sehen kann. Zumindest im Bereich des galaktischen Zentrums hat die Milchstraße leicht unterschiedliche Färbungen. Auffällig sind auch die dunklen Molekülwolken, die den Blick auf dahinter liegende Sterne verdecken und der Milchstraße eine reichhaltige Struktur verleihen. Klein, aber dennoch erkennbar zeigen sich eingestreute Sternhaufen und Gasnebel, die in der Ebene der Milchstraße besonders zahlreich angesiedelt sind. Selbstleuchtende Gasnebel präsentieren sich in einer charakteristischen rötlichen Farbe, die besonders gut von speziell für die Astrofotografie vorgesehenen oder technisch modifizierten Kameramodellen aufgezeichnet wird.
Auch mit dem Smartphone lohnen Versuche. Allerdings sollte man sich damit auf das galaktische Zentrum, also die hellsten Regionen der Milchstraße konzentrieren.
Für die Fotografie der Milchstraße wird ein Weichzeichnungsfilter (siehe Seite 54) nicht benötigt. Aber er darf durchaus zum Einsatz kommen, wenn die Sternbilder besser erkannt werden sollen.

Panorama des Milchstraßenbogens über dem Horizont.

Die Zentralregion der Milchstraße, aufgenommen mit einem Smartphone.

Polarlichter

Das Polarlicht einmal zu Gesicht zu bekommen, gehört zu den Wünschen vieler Menschen. Tatsächlich handelt es sich dabei um höchst imposante Leuchterscheinungen, die zu den eindrucksvollsten Himmelsschauspielen zählen dürften.

Genau genommen sind Polarlichter atmosphärische Erscheinungen. Von der Sonne stetig abgesonderte, elektrisch geladene Teilchen, der sogenannte Sonnenwind, dringen entlang von Magnetfeldlinien der Erde in die Erdatmosphäre ein und kollidieren dort mit Atomen und Molekülen von vorwiegend Sauerstoff und Stickstoff. Diese Elemente nehmen die Energie des Sonnenwindes zunächst auf und geben sie dann in Form von Licht wieder ab. So entsteht das Eigenleuchten der Polarlichter, wobei die verschiedenen Farben spezifisch für die angeregten Substanzen sind. Grün und Rot beispielweise gehen auf Sauerstoff zurück, violett auf Stickstoff.

In Nächten mit geringer Aktivität zeigt sich das Nordlicht nur als lichtschwacher Bogen.

AM BESTEN IM NORDEN ZU SEHEN

Bedingt durch die Orientierung der Feldlinien des Erdmagnetfeldes dringen die Teilchen des Sonnenwindes besonders erfolgreich im Bereich eines Ringes in die Atmosphäre ein, in dessen Mitte der magnetische Pol der Erde liegt. Einer dieser Ringe umgibt den magnetischen Nordpol, ein zweiter den magnetischen Südpol. Diese Ringe werden als „Polarlichtovale“ bezeichnet. Wer Polarlichter sehen will, muss daher Breitengrade aufsuchen, die im Bereich dieser Polarlichtovale liegen. Sehr gut aufgehoben ist man auf dem 70. nördlichen Breitengrad, beispielsweise in den nördlichen Regionen von Norwegen, Schweden und Finnland, aber auch in Alaska, Kanada und Grönland. Dort gibt es kaum eine klare Nacht, in der man keine Nordlichter sieht, auch wenn sie manchmal nur lichtschwach sind.

Tipps zur Polarlichtjagd

Durchmesser und Breite des Polarlichtovals wachsen an, wenn die Intensität des Sonnenwindes zunimmt. Erreicht sie extrem hohe Werte, sind Nordlichter auch in weiter südlich gelegenen Gefilden sichtbar, manchmal sogar in Norddeutschland, in noch selteneren Fällen sogar bis Griechenland! Doch das passiert nicht oft, und wer den Wunsch hat, Nordlichter zu fotografieren, sollte auf ein derartiges Ereignis nicht warten und eine Reise in nördliche Länder unternehmen. Um die Erfolgsaussichten zu steigern, sollte eine Reihe von Fakten berücksichtigt werden:

- Das Polarlicht spielt sich in Höhen von etwa 80 bis 100 Kilometern ab, also über den Wolken. Eine Nacht ohne Wolken oder mit aufgelockerter Bewölkung ist für eine erfolgreiche Beobachtung notwendig.
- Da das Auftreten und die Intensität von Polarlichtern unmittelbar von der Stärke des Sonnenwindes abhängt, ist die Aktivität der Sonne zu betrachten. Diese unterliegt einem etwa elfjährigen Zyklus. Nach dem letzten Höhepunkt im Jahr 2014 wird das nächste Maximum 2025 erwartet, das übernächste 2036. Dazwischen liegen Minima mit vergleichsweise geringer Aktivität. Doch das bedeutet nicht, dass es dann keine Nordlichter gibt, sondern nur, dass diese etwas seltener und im Durchschnitt etwas weniger hell sind.
- Als beste Reisezeit eignen sich die Monate von Mitte September bis Mitte April. Zwischen Mai und August wird es so weit im Norden nachts nicht dunkel oder nicht dunkel genug, um die Nordlichter zu sehen.
- Statistisch erhöht sich die Wahrscheinlichkeit für Nordlichter im Zeitraum um die Tagundnachtgleiche, also zu Frühlings- und Herbstbeginn. Dann sind die Nächte zwar vergleichsweise kurz, dafür aber auch nicht so kalt.
- Helle Polarlichter sind auch bei Mondschein und in einer beleuchteten Stadt sichtbar. Bedeutend eindrucksvoller jedoch sind Beobachtungen ohne störende irdische Lichtquellen abseits großer Siedlungen.
- Die meisten Polarlichter sind nicht sehr hell und bewegen sich nur langsam. Dann sind die von den Fotos bekannten Polarlicht-Farben, vornehmlich grün, mit den bloßen Augen nicht erkennbar, so dass man die Polarlichter mit irdischen Wolken verwechseln kann. Lediglich sehr helle Polarlichter können auch mit den Augen farbig wahrgenommen werden.
- Vorhersagen hinsichtlich der zu erwartenden Polarlichtaktivität sind mit großer Skepsis zu betrachten. Das betrifft auch und in besonderem Maße die einschlägigen Apps für Polarlichtvorhersagen. Erwartete Sonnenstürme bleiben manchmal ganz aus oder entpuppen sich als „leichte Brise“. Und während der Sonnenwind eine Flaute ist, können jederzeit kurzfristige, nicht vorhersagbare „Böen“ auftreten, die „Sub-Storms“ genannt werden und für spontane „Polarlichtexplosionen“ sorgen.

Polarlichter über Rejkavik. Ob der blaue Scheinwerferstrahl das Bild aufwertet, sei dahingestellt.

Neben der Berücksichtigung der aufgezählten Rahmenbedingungen ist auch immer etwas Glück im Spiel, weil ein klarer Himmel und eine rege Polarlichtaktivität gleichzeitig eintreten müssen. Beides kann sich spontan, unvorhersehbar und unerwartet ändern, so dass ein gewisses Maß an Ausdauer und Beharrlichkeit nicht schadet. Kein Polarlicht gleicht einem anderen. Dennoch gibt es die folgenden Grundformen, die unterschieden werden können.

TYPEN VON POLARLICHTERN

Erscheinungsform	Anmerkungen
Bogen, Bögen	Ein Bogen, der aussieht wie ein überdimensionierter Regenbogen, erstreckt sich von Osten über Norden nach Westen. Auf Fotos erscheint er grün und ist oft schon in der Abenddämmerung zu sehen. Bei schwacher Aktivität besteht er aus einem einfachen Band ohne Struktur. Ist die Aktivität höher, wird das Band breiter, verläuft am Himmel höher und spaltet sich zuweilen in zwei oder drei parallel verlaufende Bögen auf.
Strahlen	Oft ausgehend von dem oben erwähnten Bogen können sich strahlenförmige Gebilde entwickeln, die sich nicht selten von Ost nach West entlang dieses Bogens fortbewegen. Die Bewegungsrichtung kann sich auch umkehren. Auf Fotos sind lange Strahlen grün, ihr oberes Ende meistens rot.
Vorhänge	Wiederum ausgehend von dem ursprünglichen Bogen können sich mächtige, wallende Vorhänge entwickeln, die entweder entlang des Bogens weiterziehen oder sich weit nach oben ausdehnen und große Bereiche des Himmels einnehmen können. Die vorherrschende Farbe solcher Vorhänge ist grün.

Erscheinungsform	Anmerkungen
Bänder	Bänder können einzeln oder zu mehreren auftreten. Manchmal werden sie sehr hell und verändern sich rasch. Mal sind sie dünner, mal dicker, bilden knotenartige Verdickungen, wellenförmige Muster oder spiralisieren sich auf. Auch sie sind grün, zeigen aber manchmal einen violetten unteren Rand. In seltenen Fällen gewinnt die violette Farbe sogar die Oberhand..
Korona	Die Korona („Krone") ist das höchste Beobachterglück! Man steht dann quasi direkt unterhalb des Polarlichts. Die parallelen Strahlen ergeben perspektivisch einen Strahlenkranz, dessen Strahlen im Zenit zusammenlaufen und von dort aus in alle Himmelsrichtungen zum Horizont ziehen. Sehr schnelle, tanzende, undulierende Bewegungen und alle möglichen Farben und Farbkontraste von grün über rot bis violett vervollständigen das grandiose Himmelsspektakel.
Diffuse Schleier	Wenn das Polarlicht wie Schleierwolken ausschaut, ist es für das bloße Auge farblos und auf Fotos grün. Es ist nicht hell, zeigt aber schlierenartige Strukturen, während es große Teile des gesamten Himmels überziehen kann. Zuweilen treten die diffusen Schleier auf, nachdem es einen Aktivitätsausbruch gab, der abrupt endete.
Pulsierende Flecken	Nur sehr selten erscheint das Polarlicht in Form pulsierender Flecken. Dann ist der ganze Himmel bedeckt mit kreisförmigen Flächen, von denen manche weißlich, manche grünlich und andere violett sind. Die Flecken sind nicht sonderlich hell, aber in turbulenter Bewegung und durchmischen sich in hoher Geschwindigkeit. Der Durchmesser der Flecken beträgt etwa fünf bis acht Grad.

Diffuse Polarlichter können den gesamten Himmel überziehen.

Polarlichtbänder in violetten Farben sind eine seltene Erscheinung.

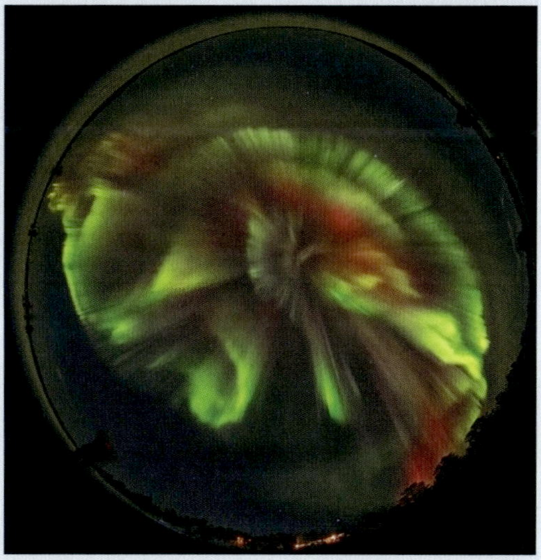

Eine Polarlicht-Korona setzt der Beobachtung die Krone auf.

POLARLICHTER FOTOGRAFIEREN

Fotografisch unterscheidet sich die Vorgehenseise bei Polarlichtern kaum von Aufnahmen des Sternenhimmels oder der Milchstraße. Wegen der Ausdehnung am Himmel werden Weitwinkelobjektive benötigt. Auch Fischaugenobjektive können eingesetzt werden, wenn das Polarlicht einen Großteil oder den gesamten Himmel überzieht. Müsste ich mich für ein einziges Objektiv vor einer Polarlichtreise entscheiden, fiele meine Wahl auf ein Weitwinkelobjektiv mit 20 oder 24 Millimeter Brennweite in Verbindung mit einem Vollformatsensor. Am besten eines mit hoher Lichtstärke, etwa 2, 1.8 oder gar 1.4.

Empfindlichkeit und Belichtungszeit

Knifflig wird es, wenn du ein schnell bewegliches, dynamisches Polarlicht fotografieren willst. Dann musst du darauf achten, dass du nicht zu lange belichtest, weil ansonsten die Strukturen des Polarlichts durch dessen Eigenbewegung verschwimmen. Dann ist es ratsam, einen höheren ISO-Wert einzustellen anstatt lange zu belichten.
Auf jeden Fall ist beim Fotografieren wichtig, dass du die Belichtung in kurzen Abständen immer wieder kontrollierst, um Überbelichtungen zu vermeiden. Die hellsten Regionen eines Polarlichts erscheinen bei Überbelichtung auf dem Foto weiß und strukturlos, was nicht schön ausschaut.
Bei einem dynamischen, reich strukturierten Polarlicht möchte man vielleicht lieber schärfere Strukturen haben und nimmt etwas Bildrauschen dafür in Kauf, dann wird eher die Belichtungszeit verkürzt. Ist das Polarlicht heller und weist keine schnellen Veränderungen auf, würde man einen niedrigeren ISO-Wert bevorzugen.
Auch mit einem Smartphone kann man schöne Polarlichtfotos schießen. Im Pro-Modus können und sollten alle genannten Einstellungen in der Kamera-App vorgenommen werden. Bietet das Smartphone nur einen allgemeinen „Nachtmodus“, sind die Einflussmöglichkeiten geringer. Dann bleibt einfach nur das „Draufhalten und Abdrücken“ in der Hoffnung, dass die Kamerasoftware die schwierige Aufnahmesituation erkennt und das Beste daraus macht.

Polarlichtaufnahme mit einem Smartphone

POLARLICHTREISEN ...

... mit dem Schiff

Beliebt sind beispielsweise Kreuzfahrten entlang der Küste Norwegens. Gelegentlich legen diese Schiffe an, dann gibt es die Gelegenheit, an Land zu gehen und unter normalen Umständen zu fotografieren. Mit größerer Wahrscheinlichkeit zeigt sich das Nordlicht während der Fahrt. Dann muss versucht werden, von einem beweglichen, mehr oder weniger schwankenden Schiffsdeck aus scharfe Fotos zu machen. Als wäre die Polarlichtfotografie an Land nicht schon kompliziert genug, sind die Bedingungen an Deck nochmals erschwert. Es leuchtet ein, dass die Belichtungszeit so kurz wie irgendwie möglich zu wählen ist, um verwackelte und unscharfe Aufnahmen zu vermeiden. Um diesem Ziel nahe zu kommen, sind hohe und höchste ISO-Werte und ein lichtstarkes, weitwinkliges Objektiv zu verwenden. Wenn man dann einen Platz an Deck ergattert hat und ein helles Polarlicht am Himmel steht, kann man sein Stativ aufstellen und versuchen, am Umkehrpunkt der schwankenden Schiffsbewegungen zu belichten, möglichst nicht länger als eine Sekunde lang.

Von einem Schiff aus ist es nicht einfach, scharfe Polarlichtfotos zu machen.

… mit dem Flugzeug

Die Reisehöhe der Verkehrsflugzeuge liegt über den meisten Wolken, so dass die Wahrscheinlichkeit, aus dem Fenster ein Polarlicht zu sehen, gar nicht mal so gering ist. Davon jedoch ein brauchbares Foto zu machen, ist ein schwieriges Unterfangen. Ein großes Hindernis ist die Mehrfachverglasung des kleinen Flugzeugfensters, was zu Reflexbildungen führt. Der einzige Weg, dem Herr zu werden, ist die Abdichtung der Fläche hinter der Kamera gegenüber der Fensterfläche. Dazu sind alle Mittel recht, Schals, Jacken, Hüte und dergleichen. Vorher werden alle Kameraeinstellungen vorgenommen, wobei wiederum möglichst kurze Belichtungszeiten anzustreben sind, ganz ähnlich zu den Schiffsreisen. Wiederum sind lichtstarke Weitwinkelobjektive gefragt, wobei die Scharfeinstellung besonders schwierig ist. Nach der Abdichtung des Fensters ist ein Blick durch den Sucher nicht mehr möglich, so dass du „blind“ den Auslöser drücken musst. Mache möglichst viele Fotos, denn etliche davon werden verwackelt und unscharf sein. Es geht darum, einen Glückstreffer zu landen.

Polarlichtfoto durch ein Flugzeugfenster aufgenommen

Zodiakallicht und Gegenschein

Das Zodiakallicht und der Gegenschein sind vergleichsweise lichtschwache und nicht unbedingt spektakuläre Lichterscheinungen am Himmel, aber lohnenswerte Fotomotive.

Beide Phänomene gehen auf die gleiche Ursache zurück: interplanetaren Staub. Die Planeten unseres Sonnensystems laufen in etwa der gleichen Ebene um die Sonne. In der Fläche dieser Scheibe kreisen auch viele Asteroiden und eine Menge von Kleinstkörpern sowie Überreste aus der Entstehungszeit des Planetensystems. Wir sehen diesen Staub sozusagen aus dem Inneren, ähnlich wie das bei der Milchstraße der Fall ist. Daher erscheint dieser Planetenstaub aus unserer Perspektive wie ein Band, das sich entlang der Ekliptik, innerhalb des Tierkreises erstreckt.

DAS ZODIAKALLICHT

Der Staub im Sonnensystem leuchtet im Gegenlicht vor einem dunklen Hintergrund besonders intensiv auf. So bildet das Zodiakallicht rechts und links der Sonne lange, spitz zulaufende, farblose Lichtpyramiden.

Besonders günstig auf der Nordhalbkugel ist der zeitige Frühling nach Sonnuntergang im Westen und der Spätherbst vor Sonnenaufgang im Osten. Dann ist der Winkel der Ekliptik zum Horizont am größten. Nun musst du nur noch eine klare, mondlose Nacht erwischen und einen Standort

Das Zodiakallicht zeigt sich am abendlichen Frühlingshimmel über dem Westhorizont.

aufsuchen, der nicht von irdischem Störlicht beeinträchtigt ist. Unter diesen Umständen wird es gelingen, das Zodiakallicht als diffus glimmende Lichtpyramide zu beobachten.
Je weiter man sich dem Erdäquator nähert, desto besser werden die Sichtbarkeitsbedingungen, weil die Ekliptik dann exakt oder fast im rechten Winkel zum Horizont in den Himmel steigt. Unter optimalen Bedingungen reicht die Lichtpyramide bis zum Zenit des Himmels und wird so hell, dass ihr Schein nicht zu übersehen ist.
Fotografisch geht man genauso vor wie bei Fotos vom Sternenhimmel oder der Milchstraße. Wegen der bisweilen enormen Ausdehnung des Zodiakallichts ist ein Weitwinkel- oder Fischaugenobjektiv zu bevorzugen.

Der Gegenschein im Gebiet des Sternbildes Wassermann. Oben rechts hellt die Milchstraße den Hintergrund auf.

DER GEGENSCHEIN

Beim Gegenschein handelt es sich um eine lichtschwache, ovale Aufhellung des Nachthimmels, die exakt gegenüber der Sonne auftritt. Wie das Zodiakallicht geht der Gegenschein auf den Staub im Planetensystem zurück. Um zu verstehen, wie es zu seiner Entstehung kommt, kann man sich jedes einzelne Staubkorn als Mini-Mond vorstellen. Genau gegenüber der Sonne sehen wir die Staubkörner wie den Vollmond voll beleuchtet.
Eine Jagd auf den Gegenschein lohnt sich nur bei besten Beobachtungsbedingungen. Ein dunkler Standort abseits aller irdischen Lichtquellen ist ebenso erforderlich wie eine sehr gute Transparenz und eine Nacht ohne Mondschein. Der Gegenschein lässt sich leichter fotografieren als mit den Augen sehen, so dass man wissen muss, wo am Himmel er zu erwarten ist. Eine große Hilfe ist wieder die Software *Stellarium*. Zunächst werden die Koordinaten der Sonne zum Zeitpunkt der Beobachtung ermittelt. Stelle Datum und Uhrzeit entsprechend ein und gib im Suchfeld „Sonne" ein. Beispiel: Für den 10. November 2023 lauten die Daten Rektaszension = 14^h58^m, Deklination = −17 Grad. Der Gegenschein befindet sich genau gegenüber bei den Koordinaten Rektaszension = 2^h58^m, Deklination = +17 Grad. Diese Werte gibst du anschließend im Suchfeld unter „Position" ein. Angezeigt wird dann ein Ort zwischen den Sternbildern Widder und Stier. Wichtig ist, dass der Gegenschein zum gewünschten Beobachtungzeitpunkt nicht mit der Milchstraße überlappt. Keine Gefahr besteht in den Monaten August bis November sowie von Februar bis April. Die beste Uhrzeit für die Beobachtung ist Mitternacht.
Beim Fotografieren ist ein Weitwinkelobjektiv zu verwenden, um genügend Umfeld zu erfassen. Positioniere den Gegenschein nicht in der Bildmitte, weil jedes Objektiv dort die maximale Bildhelligkeit liefert („Vignettierung", siehe Seite 146). Am besten machst du mehrere Fotos und variierst das Bildfeld, so dass der Ort des Gegenscheins auf den Bildern nicht immer der gleiche ist. Wenn danach auf allen Aufnahmen die zarte Aufhellung des Gegenscheins relativ zu den umgebenden Sternen an der gleichen Stelle zu finden ist, ist der Nachweis geglückt!

Sternschnuppen

Meteore sind kurzfristige Erscheinungen am Himmel. Oft blitzen sie nur für den Bruchteil einer Sekunde am Firmament auf. Sehr langsame Sternschnuppen können wenige Sekunden lang verfolgt werden.

Das Aufleuchten der Meteore wird von kleinen und kleinsten Himmelskörpern verursacht, die mit sehr hoher Geschwindigkeit in die Erdatmosphäre eintauchen und darin aufgrund der Luftreibung verglühen. So lange diese Himmelskörper noch um die Sonne kreisen, sind es Meteoroide. Tauchen sie in die Erdatmosphäre ein, werden sie zu Meteoren. Normalerweise verglühen sie vollständig. Schafft es ein Meteor, auf der Erdoberfläche aufzuschlagen, nennt man ihn einen Meteoriten. Tatsächlich stammt das Licht der Meteore nicht vom verglühenden Partikel selbst, sondern von der erhitzen und dadurch ionisierten Luft entlang der Flugbahn. Viele Meteoroide sind nur so klein wie Sandkörner, wenige so groß wie ein Apfel – dann wird eine Feuerkugel sichtbar, die mindestens so hell wie der Planet Venus aufleuchtet. Feuerkugeln hinterlassen nicht selten eine „Rauchspur“ die auch nach dem Erlöschen des Meteors noch für einige Zeit zu sehen ist.

STERNSCHNUPPENSTRÖME

Sporadische Meteore sind immer und überall möglich, doch es gibt Zeitspannen, in denen die Häufigkeit von Sternschnuppen zunimmt. Sie wiederholen sich jedes Jahr zur gleichen Zeit und werden „Meteorströme“ genannt. Die Erde kreuzt während eines solchen Meteorstroms eine Bahn aus vielen Meteoroiden, die zum Beispiel von einem sich auflösenden Kometen hinterlassen wurden.

AUFFÄLLIGE STERNSCHNUPPENSTRÖME

Name des Meteorstroms	Datum des Maximums	Radiant im Sternbild
Quadrantiden (= Bootiden)	6. Januar	Bärenhüter (Bootes)
Eta-Aquariden	4. Mai	Wassermann (Aquarius)
Perseiden	12. August	Perseus (Perseus)
Orioniden	14. Oktober	Orion (Orion)
Leoniden	15. November	Löwe (Leo)
Geminiden	14. Dezember	Zwillinge (Gemini)

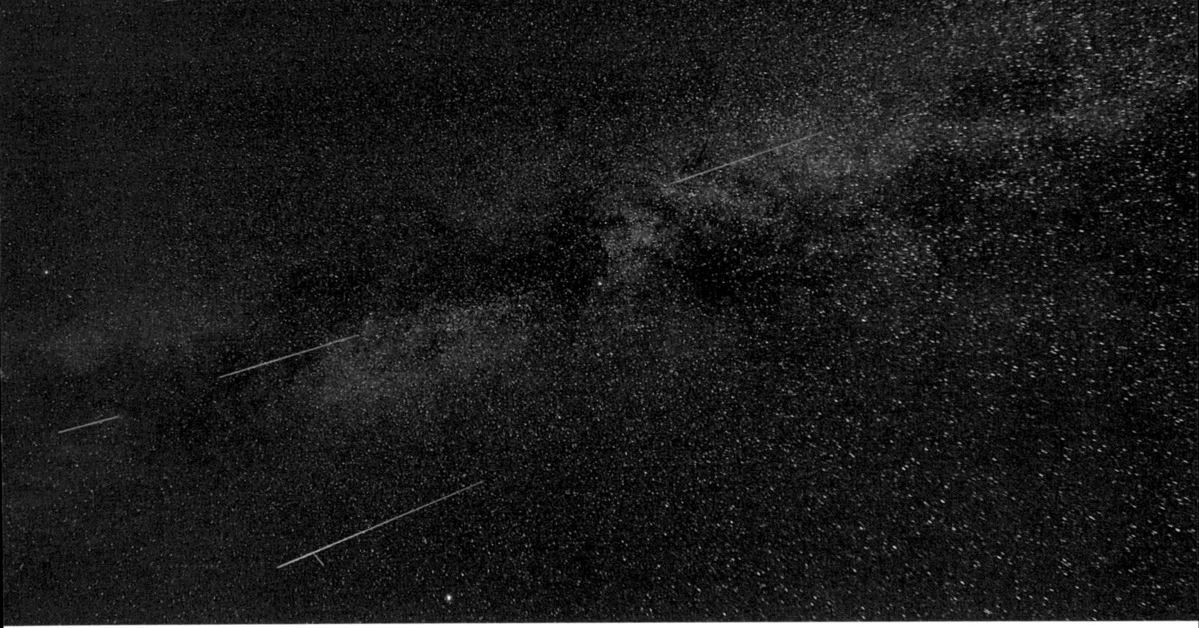

Sternschnuppen fliegen über die Milchstraße – dieses Bild wurde aus mehreren Aufnahmen kombiniert.

Die Meteorströme tragen Namen, die auf bestimmte Sternbilder verweisen. Der Meteorstrom der Perseiden beispielweise nimmt Bezug auf das Sternbild Perseus. Verlängert man nämlich die Flugbahnen der Meteore eines Meteorstroms nach hinten, treffen diese in einem Punkt zusammen, der Radiant genannt wird. Der Radiant der Perseiden liegt im Sternbild Perseus.
Die Meteore des Perseiden-Meteorstroms zeigen sich mitnichten nur im Sternbild Perseus. Dort liegt nur deren (unsichtbarer) Radiant. Die Meteore selbst können an ganz anderen Stellen des Himmels aufblitzen. Die Zahl der sichtbaren Meteore steigt, je höher der Radiant am Himmel steht. Für die Perseiden bedeutet das, dass die Morgenstunden vor dem Einsetzen der Morgendämmerung am ergiebigsten sind, denn dann steht das Sternbild Perseus bereits hoch am Himmel, während es gegen Mitternacht gerade einmal komplett aufgegangen ist.

METEORE FOTOGRAFIEREN

Wie gut eine Sternschnuppe auf einem Foto sichtbar ist, hängt von deren Helligkeit und Geschwindigkeit am Himmel ab. Ein heller und sehr „schneller" Meteor wirkt auf Fotos manchmal weniger spektakulär als eine weniger helle, aber „langsame" Sternschnuppe. Die Winkelgeschwindigkeit der Meteore ist in der Nähe des Radianten geringer, da sie dort sozusagen auf uns zu fliegen. Nur deshalb lohnt es sich, sein Glück im Bereich des Radianten oder in dessen Nähe zu versuchen. Verwendest du ein Weitwinkelobjektiv, werden große Teile des Himmels erfasst, so dass die Wahrscheinlichkeit steigt, einen hellen Meteor aufs Bild zu bekommen. Allerdings wird er dann vergleichsweise klein abgebildet. Mit längeren Brennweiten schrumpft der Bildwinkel und damit auch die Wahrscheinlichkeit, dass ein Meteor durch das Bildfeld zischt. Wenn dir das Glück hold ist, wird die Abbildung aber detailreich und imposant.
Zur Aufnahme empfiehlt sich ein ISO-Wert von 1600 bis 3200. Bei der Belichtungszeit setzt die Himmelshelligkeit Grenzen oder der Wunsch, dass die Sterne noch als Punkte abgebildet werden. Am besten betreibst Du die Kamera im Serienbildmodus und verriegelst den Kabelauslöser. Dann nimmt die Kamera kontinuierlich ein Bild nach dem nächsten auf. Während die Aufnahmen laufen, kann man selbst nach Sternschnuppen Ausschau halten.

Kometen

Das Auftauchen eines hellen Kometen ist ein seltenes Ereignis, sorgt dann aber für Tage oder Wochen für ein imposantes Himmelsschauspiel. Typischerweise sieht der Kometenkopf aus wie ein diffuser Stern, von dem aus ein mehr oder weniger langer Schweif entspringt.

Kometen sind vergleichsweise kleine Himmelskörper mit wenigen hundert Metern oder einigen Kilometern Durchmesser. Sie kreisen auf stark elliptischen Bahnen um die Sonne, reisen aus den Tiefen des Sonnensystems an und verschwinden danach wieder dorthin. Wenn sie in Sonnennähe geraten, werden sie zum Leben erweckt. Die Sonnenstrahlung sorgt für eine Erwärmung der Kometen, was zu einer Ausgasung führt, so dass um den Kometenkern herum eine Atmosphäre entsteht, die Koma genannt wird. Die Kometenkoma kann zigtausende von Kilometern groß werden. Zudem sorgt der „Strahlungsdruck" des Sonnenwindes dafür, dass immer mehr Teilchen vom Kometenkopf wegströmen und den sichtbaren Staubschweif bilden. Er wird viele Millionen Kilo-

Der Komet C/2020 F3 (NEOWISE) wurde im März 2020 entdeckt und bot gleich im Juli eine imposante Erscheinung. Auf diesem Bild sind unterhalb des Kometen sogar leuchtende Nachtwolken (siehe Seite 97) zu sehen.

meter lang. Dazu kann ein zweiter Gasschweif auftreten, der von den Teilchen des Sonnenwinds zum Eigenleuchten angeregt wird.

STAMMGÄSTE UND ONE-HIT-WONDER

Die Umlaufbahnen mancher Kometen sind bekannt, weil bereits eine oder mehrere Annäherungen an die Sonne beobachtet wurden und die Wiederkehr dadurch präzise prognostiziert werden kann. Andere sind Neuankömmlinge, sie erscheinen dann überraschend und werden zumeist von automatischen Himmelsbeobachtungsprogrammen entdeckt. Kometen tragen seltsame Namen, etwa „C/2022 E3 (ZTF)". Das „C" steht für eine Umlaufzeit von mehr als 200 Jahren (nicht periodisch). Eine Alternative wäre „P" für periodische Kometen mit Umlaufzeiten bis 200 Jahre. 2022 ist das Entdeckungsjahr. „E" ist der Entdeckungsmonat, wobei die Namensgebung halbmonatlich erfolgt, also A = erste Januarhälfte, B = zweite Januarhälfte, C = erste Februarhälfte und so weiter. „3" ist der dritte Komet, der in diesem Halbmonat entdeckt wurde. Und ZTF ist der Entdecker, in diesem Fall die „Zwicky Transient Facility", ein Himmelsbeobachtungsprogramm, das alle zwei Tage den kompletten nördlichen Himmel durchmustert.

AKTUELLE KOMETENNEWS

Um zu erfahren, dass es neu entdeckte Kometen gibt, kannst du zum Beispiel einschlägige Webseiten besuchen, von denen *sternfreunde.de* ein Beispiel ist. Dort findet man üblicherweise auch Sternkarten, wo sich ein Komet wann aufhält sowie Schätzungen der zu erwarteten Helligkeitsentwicklung. Zusätzlich kannst du die Software *Stellarium* aktualisieren und die Bahndaten neu entdeckter Kometen einlesen. Doch insbesondere auf die Helligkeitsschätzungen ist kein Verlass, denn Kometen sind immer für Überraschungen gut, in die eine oder andere Richtung. Ein in der Presse zum „Jahrhundertkomet" angekündigter Komet beispielsweise entpuppte sich als Nullnummer, als er, bevor es

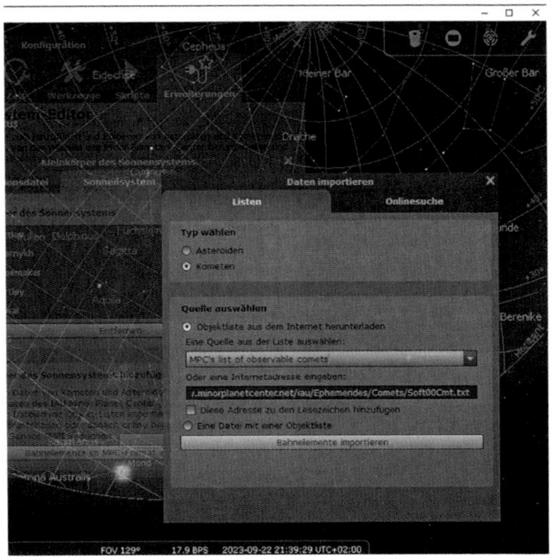

Stellarium kann über das Internet aktuelle Kometenbahndaten importieren.

soweit war, bei seiner größten Annäherung an die Sonne einfach zerfallen ist und sich aufgelöst hat. Andere haben, ohne dass die Wissenschaft immer eine Erklärung dafür hat, innerhalb weniger Stunden oder Tage ihre Helligkeit vervielfacht. Kometen, die inklusive Schweif so hell werden, dass man sie mit den bloßen Augen mühelos sehen kann, sind seltene Erscheinungen. Nur einer oder zwei pro Jahrzehnt schafft es zu dieser Ehre.

KOMETEN FOTOGRAFIEREN

Für das bloße Auge sichtbare Kometen können auf die gleiche Weise fotografiert werden wie der Sternenhimmel, wobei ein leichtes Teleobjektiv von Vorteil sein kann. Eine mondlose Nacht und ein störlichtfreier Beobachtungsort helfen, den Schweif in seiner ganzen Länge zu erfassen. Mit etwas Glück sieht man auf dem Foto eine Grünliche Koma, einen weißlichen Staubschweif sowie den blauen Plasmaschweif. Die Eigenbewegung von Kometen ist mitunter erheblich, sie können mehrere Sternbilder innerhalb einiger Nächte durchstreifen und währenddessen auch schnell an Helligkeit zu- oder abnehmen. Eine Sichtbarkeit am Abendhimmel kann sich schnell zu einer am Morgenhimmel verwandeln. Das gilt es zu beachten, wenn man die Nächte mit den besten Voraussetzungen für gute Fotos erwischen will.

Konstellationen und Konjunktionen

Die helle Venus neben der Mondsichel, zwei Planeten in der Dämmerung oder gar eine ganze „Planetenkette“ – das Firmament bietet uns jedes Jahr mehrere Gelegenheiten für tolle Fotomotive.

Die Begegnung zweier Himmelskörper ist umso spannender, je enger deren Abstand ist. Er wird in Grad angegeben (zum Vergleich: der Vollmond hat am Himmel 0,5 Grad Durchmesser).

Während die Fixsterne im Laufe eines Menschenlebens am Himmel ewig gleiche Muster bilden, sind es die Planeten, die Sonne und der Mond, die sich vor dem Sternenhintergrund stetig verschieben und manchmal zusammentreffen.

HIMMLISCHE MEETINGS

Die Erde und alle anderen Planeten laufen um die Sonne, der Mond umrundet die Erde. Von unserer Erde betrachten wir dieses komplexe Räderwerk sozusagen aus dem Inneren heraus. Dabei kommt es immer wieder vor, dass zwei oder gar mehrere beteiligte Himmelskörper zufällig auf einer Sichtlinie liegen und sich damit am Himmel scheinbar nahekommen. Scheinbar heißt in diesem Zusammenhang, dass sich die Himmelskörper nicht wirklich annähern, sondern nur in der gleichen Blickrichtung stehen, so wie eine Kirchturmspitze vor einem weit entfernten Berg. Sind nur Körper des Sonnensystems beteiligt, wird das Konjunktion genannt. Ist einer der Partner ein heller Stern, entsteht ein ähnliches Erscheinungsbild, wird aber als Konstellation bezeichnet. Weil die Planeten und der Mond in der Nähe der Sonnenbahn, der Ekliptik, durch die Tierkreissternbilder ziehen, kommen nur zwei wirklich helle Sterne für Konstellationen in Frage: Antares im Skorpion und Regulus im Löwen. Beim Mond können es aufgrund seiner deutlich geneigten Bahn noch andere helle Sterne sein. Am häufigsten sind Begegnungen unter Beteiligung des Mondes, denn er saust innerhalb von rund 27,3 Tagen einmal um die gesamte Ekliptik herum und stattet dabei allen anderen sichtbaren Objekten entlang des Tierkreises einen Besuch ab. Weil die Mondbahn und die Planetenbahnen nicht exakt mit der Ekliptik deckungsgleich sind, fallen die Konstellationen und Konjunktionen stets

Bei Aufnahmen von Konjunktionen in der Dämmerung gilt es, den richtigen Helligkeitszeitpunkt abzupassen.

unterschiedlich aus. Mal ist die Annäherung ganz eng, mal ist der Abstand größer. In seltenen Fällen kommt es sogar zu Bedeckungen, wenn der Mond einen Stern oder Planeten für eine Weile hinter sich verschwinden lässt. Auch Annäherungen eines Planeten mit einem hellen Stern oder die Begegnung zweier Planeten sind reizvolle Motive. Verfolgt man die bedächtige, aber dennoch wahrnehmbare Bewegung der Himmelskörper relativ zueinander von Stunde zu Stunde und von Tag zu Tag, ist das zugleich ein himmelsmechanisches Lehrstück. Sichtbare Konjunktionen unter Beteiligung der Sonne sind Sonnenfinsternisse sowie Merkur- und Venustransite (siehe Seite 126 und 132).

Bei besonderen oder seltenen Konjunktionen lohnt es sich in jedem Fall, ein schönes Vordergrundmotiv zu suchen.

KONJUNKTIONEN FOTOGRAFIEREN

Die Fotografie von Konstellationen und Konjunktionen ist nicht sonderlich anspruchsvoll, was die technische Umsetzung betrifft, denn die beteiligten Himmelskörper sind hell und können schon mit vergleichsweise kurzer Belichtungszeit erfasst werden. Zuweilen ist es der Mond, dessen Helligkeit nur schwer zu bändigen ist. Wenn du zum Beispiel eine Konjunktion aus Mond und Mars fotografieren möchtest, sind der Mars, andere Himmelskörper und die Landschaft auf dem Foto kaum oder nicht mehr sichtbar, wenn du den Mond korrekt belichtest. Wenn du die Belichtung steigerst, werden zwar mehr Details der Szene abgebildet, aber der Mond wird dann überbelichtet und ist nur noch ein heller, strukturloser und überstrahlter „Fleck". Eine einfache Lösung für diese Herausforderung gibt es nicht. Ein manchmal gangbarer Weg besteht darin, während der Dämmerung zu fotografieren, dann ist der Dynamikumfang („Kontrast") der Szene nicht ganz so hoch. Andernfalls bleibt dir nur übrig, das Motiv mit unterschiedlichen Belichtungen mehrfach zu fotografieren, um aus den Fotos durch Bildbearbeitung ein Endprodukt entstehen zu lassen, welches weder unter- noch überbelichtete Bereiche aufweist, ein sogenanntes „High Dynamic Range Image" (HDRI, siehe Seite 37). Manche Kameras und Smartphones bieten schon während des Fotografierens die Möglichkeit, ein HDRI zu erstellen. Dadurch spart man sich den Aufwand der Bildbearbeitung, ist aber, was das Ergebnis betrifft, weitaus weniger flexibel.

Auf die Brennweite kommt es an

Der Wahl des Bildwinkels kommt eine große Bedeutung zu. Stets solltest du versuchen, die Relationen und die Größenverhältnisse auf deinen Fotos sichtbar zu machen. Ist der Mond mit von der Partie und nicht überbelichtet, reicht das schon, weil die Größe des Mondes am Himmel allen bekannt ist. Bei der Konjunktion von zwei Planeten jedoch werden diese praktisch nur als Lichtpunkte abgebildet, ein Größenvergleich fehlt. Wähle den Bildausschnitt nicht zu groß, sonst verschmelzen die beiden Planeten optisch zu einem Punkt. Wähle ihn aber auch nicht zu klein, dann nämlich stehen die zwei Lichtpünktchen auf dem Foto weit auseinander, ohne dass ein Betrachter oder eine Betrachterin ahnen, dass es sich in Wirklichkeit um eine enge Begegnung gehandelt hat! Der Mittelweg ist Gold, denn dann wirkt das Planetenduo am eindrucksvollsten. Die Krönung ist, wenn es dir gelingt, eine Landschaft oder einen Vordergrund mit einzubeziehen.

1. Wenn der Mond richtig belichtet ist, wird der Planet kaum zu erkennen sein.

2. Nur ein HDR-Komposit kann den enormen Helligkeitsunterschied zwischen Mond und Planet in einem Bild vereinen.

1

2

Satelliten und Raumstationen

Eine riesige Zahl von menschengemachten Satelliten umkreist inzwischen unseren Globus. Viele davon ziehen als mehr oder weniger helle „Sterne" über das Firmament, am hellsten leuchtet die Internationale Raumstation.

Derzeit (Stand 2023) sind zwei bemannte Raumstationen in einem Erdorbit: die Internationale Raumstation (ISS) und die chinesische Raumstation „Tiangong". Beide können von Zeit zu Zeit am Himmel beobachtet werden, wenn sie sich innerhalb weniger Minuten von West nach Ost über den Nachthimmel bewegen. Sie sehen aus wie ein Stern, können aber kurzfristig zum vierthellsten „Gestirn" nach Sonne, Mond und Venus werden. Manchmal tauchen sie in den Erdschatten ein oder fliegen aus dem Erdschatten in das Licht der Sonne. Dann verschwinden sie innerhalb weniger Sekunden plötzlich oder tauchen wie aus dem Nichts auf. Zahlreiche Satelliten werden ebenfalls so hell, dass sie mühelos mit bloßen Augen verfolgt werden können. Dazu zählt auch das berühmte Hubble-Weltraumteleskop (HST), das seit 1990 die Erde umkreist (von Mitteleuropa aus aber nie über den Horizont steigt).

Die Internationale Raumstation fotografiert man am besten mit einem Weitwinkelobjektiv und bezieht den Vordergrund mit ein.

SICHTBARKEIT DER SATELLITEN

Eine hervorragende Webseite für die Vorhersagen von Satelliten-Überflügen ist *heavens-above.com*. Dabei ist es sehr wichtig, zunächst die genaue Position des Beobachtungsortes einzugeben. Denn davon hängt es ab, ob, wann und wo ein Satellit am Himmel auftaucht, welche Maximalhöhe und Helligkeit er erreicht und wo und wann er wieder verschwindet. Die Berechnungen von Heavens Above sind sehr zuverlässig und präzise. Sogar eine Sternkarte mit eingezeichneter Flugbahn der Satelliten ist für deinen Beobachtungsort zu haben. Ebenso verfügbar ist eine App für Android.
Fotografisch werden Satelliten am besten mit etwas längerer Belichtungszeit abgebildet. Dann unterscheiden sie sich auf den Fotos von den Sternen dadurch, dass sie eine Strichspur hinterlassen. Besonders zu empfehlen ist es, den Horizont mit etwas Landschaft einzubeziehen.

Leuchtende Nachtwolken

In den Sommermonaten tauchen manchmal gespenstisch wirkende, blau-silbern leuchtende Wolken über dem Nordhorizont auf. Meist sind die „leuchtenden Nachtwolken“ aber nur von Norddeutschland aus zu sehen.

Leuchtende Nachtwolken tauchen meist im Juni und Juli über dem Nordhorizont auf.

Helle Wolken am dunklen Nachthimmel sind heutzutage keine Seltenheit, denn sie werden von den Lichtern der Städte angestrahlt. Nur an den besten Plätzen der Welt, beispielsweise in der Atacamawüste in Chile oder der Kalahariwüste in Namibia, heben sich irdische Wolken nicht hell am dunklen, mondlosen Nachthimmel ab, sondern sind dunkle, sternlose Inseln, die sich langsam vor dem Sternenhintergrund weiterbewegen. Leuchtende Nachtwolken jedoch sind anders. Dabei handelt es sich um Wolken, die sich im Bereich des Nord- und Südpols der Erde in 80 Kilometern Höhe bilden, wobei die Entstehung dieser Wolken wissenschaftlich noch nicht ganz geklärt ist. Wahrscheinlich sorgen verglühende Meteore für die Bildung von Kondensationskeimen für Wassertröpfchen, die in dieser Höhe ansonsten nicht mehr vorkommen. Um die Zeit der Sommersonnenwende sinkt die Sonne nicht sehr tief unter den Horizont, so dass ihr Licht diese hohen Wolken noch erreicht. Dann sind sie in Blickrichtung Norden in Horizontnähe zu sehen. Sie glimmen in einem mystischen, elektrisch-blauen Licht und ähneln in ihrer Struktur den Schleier- oder Zirruswolken. Aufgrund ihrer Höhe und großen Entfernung bewegen und verändern sie sich nur langsam. Daher ist es nicht sonderlich schwer, sie zu fotografieren – wenn man denn weiß, wann welche zu sehen sind. Eine gute Quelle für aktuelle Informationen zu den „NLCs“ (von engl. „Noctilucent Clouds“) ist die Seite *forum.meteoros.de*. Genau so, wie du den Sternenhimmel oder die Milchstraße ablichtest, kannst du auch die nachtleuchtenden Wolken auf den Sensor bannen. Achte auf das Histogramm, um partielle Überbelichtungen zu vermeiden und halte nach einem attraktiven Vordergrund Ausschau.

Himmel und Erde

Bei Fotos mit großen Bildwinkeln, also bei Verwendung von Weitwinkelobjektiven, besteht die verlockende Gelegenheit, den Horizont, Teile der Landschaft sowie Vordergrundmotive einzubeziehen.

Ein irdischer Vordergrund „erdet" die Himmelsbilder und der Betrachter kann sich eher mit einem Foto identifizieren, auf dem neben dem Himmelsgeschehen auch noch vertraute Dinge zu sehen sind. Bereits eine attraktive Landschaft, über der der Nachthimmel prangt, macht sich sehr gut. Beliebt sind zudem vereinzelte Bäume, ein Gewässer, schöne Gebäude, Ruinen, Berge und Kirchen. Sogar Menschen bieten sich als Vordergrundmotive an, wenn die Belichtungszeit nicht zu lange dauert und die „Statisten" dazu bereit sind, für die Dauer der Belichtung möglichst regungslos in ihrer Pose zu verharren.

FOKUS AUF DIE SCHÄRFENTIEFE

Bei Verwendung der maximalen Blendenöffnung wird wie gewohnt auf die Sterne scharf gestellt. Die enorme Schärfentiefe von Weitwinkelobjektiven (s. Seite 26) hilft dabei, gleichzeitig auch den Vordergrund in hinreichender Schärfe abzubilden. Eine leichte Unschärfe des Vordergrundes kann in der Regel gut verkraftet werden. Wenn du Vorder- und Hintergrund in gleicher Schärfe abbilden möchtest, wird es aufwändiger. Eine Methode besteht darin, die Blende leicht zu schließen, um die Schärfentiefe zu steigern (siehe Seite 27), was mit einer längeren Belichtungszeit und/oder

Ohne Aufhellung erscheint der Vordergrund in einer mondlosen Nacht rabenschwarz.

einem höheren ISO-Wert zu kompensieren ist. Bei Anwendung dieser Methode ist es wichtig, keine Schärfentiefe zu verschenken und weder auf den Vordergrund noch auf den Hintergrund scharf zu stellen, sondern auf eine Entfernung zwischen den beiden! Eine andere Methode erfordert, dass du mindestens zwei Aufnahmen machst: Eine mit einem scharfen Sternenhimmel, eine zweite mit einem scharfen Vordergrund. Die beiden Fotos lassen sich dann mit der Software *Sequator* (siehe Seite 157) zum gesamtscharfen Ergebnis kombinieren. Der Vorteil dieser Methode liegt darin, dass nicht nur die Schärfe, sondern auch die Belichtungszeit variiert werden kann.

VORDERGRUND AUFHELLEN

Soll ein Vordergrundmotiv, beispielsweise ein Baum oder eine Person, wirkungsvoll in die Nachthimmelaufnahme integriert werden, muss es sich kontrastreich abheben. Also entweder dunkel vor einem helleren Hintergrund oder hell vor einem dunkleren Hintergrund. Der Nachthimmel ist niemals tiefschwarz, sondern durch ein leichtes Eigenleuchten immer heller als ein unbeleuchtetes Vordergrundmotiv. Wird er üppig belichtet, hat er auf dem Foto eine ausreichende Grundhelligkeit. Noch besser eignet sich als heller Hintergrund die Milchstraße oder ein Polarlicht. In allen Fällen muss das unbeleuchtete Vordergrundmotiv auf dem Foto möglichst weit in den Himmel ragen. Ein tiefer, bodennaher Kamerastandpunkt kann deshalb nötig sein.

Gelingt es nicht, das Vordergrundmotiv gegen den Himmel zu stellen, zum Beispiel weil hinter dem Motiv das Gelände ansteigt oder ein Berg zu sehen ist, treffen dunkel und dunkel zusammen und der Kontrast fehlt. Dann ist es ratsam, das Vordergrundmotiv während der Belichtung anzuleuchten. Das kannst du mit dem in der Kamera enthaltenen Blitzgerät versuchen. Besser ist eine Taschenlampe, die während der Belichtungszeit nur kurz auf das Vordergrundmotiv gerichtet wird. Leuchtet sie zu lange, wird das Vordergrund unnatürlich hell dargestellt oder gar überbelichtet – das gilt es auszuprobieren.

Damit sich die Kirche in eigentlich pechschwarzer Nacht aus der Dunkelheit hervorhebt, wurde sie für kurze Zeit seitlich angestrahlt.

Besonders raffiniert wirkt es, wenn die Lichtquelle nicht direkt aus der Aufnahmerichtung, sondern etwas von der Seite oder gar in Richtung der Kamera positioniert wird. Eine interessante Variante ist der Einsatz mehrerer, vielleicht sogar unterschiedlich farbiger Lichtquellen. Oder man verwendet eine einzige Taschenlampe, die man während der Belichtungszeit mehrfach aus unterschiedlichen Positionen heraus ein- und wieder ausschaltet. Eine fast schon kunstvolle Lichtinstallation wird erreicht, wenn Methoden des „Lightpaintings“ angewendet werden, etwa das Schreiben eines Textes in Spiegelschrift während der Belichtungszeit.

Fehler vermeiden

Die Enttäuschung über misslungene Aufnahmen ist umso größer, je mehr Aufwand nötig war, sie anzufertigen und desto einzigartiger das Motiv gewesen ist. Doch auch bei bester Vorbereitung kann einiges schief gehen.

Um es nicht an Banalitäten scheitern zu lassen, zähle ich die sieben häufigsten Fehler auf, die meiner Meinung nach beim Fotografieren des Nacht- und Sternenhimmels gemacht werden:

1. BILD NICHT RICHTIG SCHARF

Die Schärfe ist nicht optimal eingestellt, die Sterne sind nicht punktförmig, sondern kleine Scheiben.

Abhilfe: Mehr Zeit investieren, um den exakten Fokus zu treffen (siehe Seite 32).

2. BILD UNTERBELICHTET

Auf dem Kameradisplay kann ein Foto durchaus gut und richtig belichtet aussehen, aber im Bildbearbeitungsprogramm auf dem Computer sieht man später die Unterbelichtung.
Abhilfe: Nicht auf das Aussehen des Fotos auf dem Kameradisplay verlassen, sondern das zum Bild gehörende Histogramm zu Rate ziehen (siehe Seite 30).

3. KEIN RAW-FORMAT GESPEICHERT

Fotos im JPG-Format sind zwar immer noch besser als gar keine Fotos, aber gerade bei der Nachtfotografie bleibt ein enormes Potential der Kamera ungenutzt, wenn es keine RAW-Dateien gibt.
Abhilfe: Die Kamera so einstellen, dass Fotos sowohl im JPG- als auch im RAW-Format bei bester Bildqualität gespeichert werden.

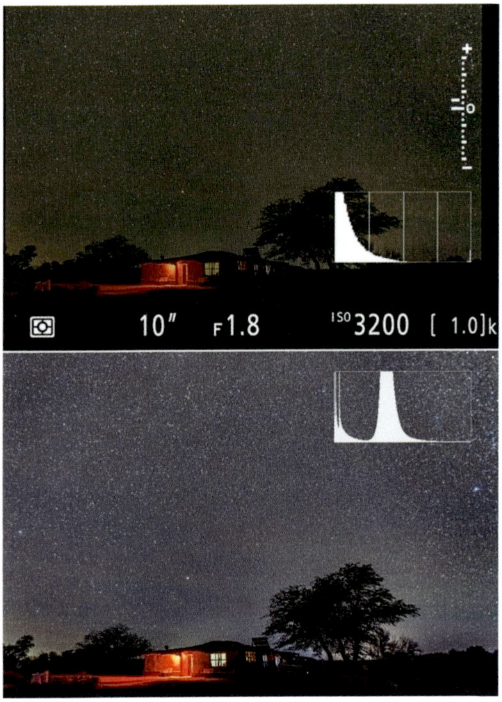

Die obere Aufnahme ist zu dunkel belichtet, das Histogramm links abgeschnitten. Das Histogramm der unteren Aufnahme hat seinen Schwerpunkt in der Mitte – das Bild ist optimal belichtet.

1

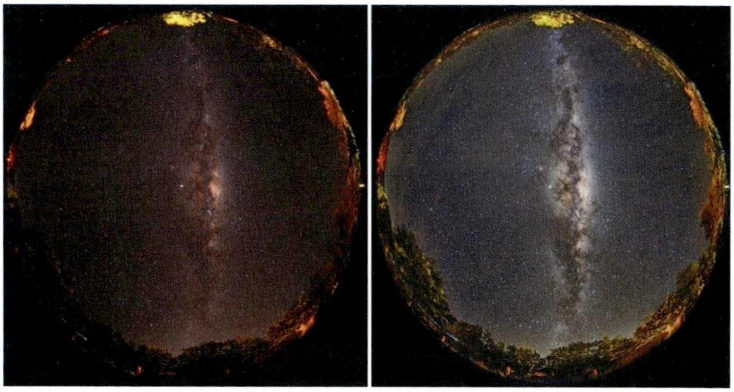

2

1. Das ist eine schöne Nachtaufnahme der Kirche, für den Sternenhimmel war die Brennweite aber zu lang.

2. Links die Originalaufnahme aus der Kamera, rechts das „entwickelte“ RAW-Bild – die Zunahme an Brillanz und Darstellung der dunklen Bereiche ist deutlich zu erkennen.

4. BILDAUSSCHNITT SCHLECHT GEWÄHLT

Ein schräg durchs Bild laufender Horizont ist noch das geringste Problem. Aber anstatt die Hälfte des Bildes mit rabenschwarzer Landschaft zu füllen, sollte man die Kamera weiter nach oben neigen, um mehr vom Sternenhimmel zu erfassen. Vorzeigesternbilder sollten weder an- oder abgeschnittenen, versehentlich ins Bild ragende Gebäude vermieden werden.
Abhilfe: Beim Fotografieren nicht nur die technischen Parameter richtig einstellen, sondern auch auf eine überzeugende Bildkomposition Wert legen.

5. BILD TROTZ STATIV VERWACKELT

Wenn ein Stativ verwendet wird, muss der Bildstabilisator der Kamera oder des Objektivs unbedingt ausgeschaltet werden. Ansonsten kann es passieren, dass der Stabilisator das Gegenteil von dem tut, was er eigentlich soll: Er produziert verwackelte Sterne! Das ist während der Bilderrückschau auf dem Kameradisplay leider kaum zu erkennen, weil das Malheur nur bei starker Vergrößerung und beim genauen Hinsehen sichtbar wird.
Abhilfe: Den Stabilisator bei Verwendung eines Stativs ausschalten (siehe Seite 34).

6. NAGELNEUE AUSRÜSTUNG

Sich kurz vor Antritt einer Polarlichtreise noch eine bessere Kamera zuzulegen, ist nicht unbedingt eine gute Idee. Einerseits fehlt die Übung im Umgang damit, andererseits funktionieren erstaunlich viele Neugeräte nicht oder versagen in den ersten Tagen ihren Dienst. Eine bewährte Kamera, mit der man bestens vertraut ist, bietet mehr Sicherheit für den Erfolg. Selbst ladenneue Akkus, Speicherkarten oder Kabelauslöser haben sich schon bei ihrem ersten Einsatz unter dem Polarlicht als nicht funktionstüchtig oder unzuverlässig erwiesen.
Abhilfe: Wichtige Fotosessions nur mit einer bewährten, getesteten Ausrüstung bestreiten. Neuteile rechtzeitig vorher anschaffen und auf Herz und Nieren überprüfen.

7. VERZICHT AUF BILDBEARBEITUNG

Unterbleibt jede Form der Bildbearbeitung, sind Fotos vielleicht durchaus sehenswert, aber mitunter weit entfernt von einer optimalen Darstellung. Dabei darf unter „Bildbearbeitung“ nicht die Manipulation und Verfälschung eines Fotos verstanden werden, sondern nur die Freilegung von in der Bilddatei enthaltenen Informationen.
Abhilfe: Immer im RAW-Format fotografieren und das Bild anschließend mit der Software optimieren ohne dabei die Bildinhalte zu verfälschen (siehe ab Seite 139).

DER MOND MACHT LAUNE

Kleiner und großer Vollmond: der Unterschied ist nicht so groß, wie es oft behauptet wird.

Selbst mit einem starken Teleobjektiv wird der Mond nicht formatfüllend abgebildet.

Begleiter der Erde

Unsere Erde hat einen Mond, andere Planeten haben mehrere Monde, wieder andere gar keine. Der uns bekannte Mond ist kein Planet, denn im Zentrum seiner Bahn steht nicht die Sonne, sondern der Planet Erde.

Im Vergleich zu seinem „Mutterplaneten" Erde ist der Mond recht groß, sein Durchmesser entspricht rund einem Viertel des Erddurchmessers. Im Mittel ist er nur 384.400 Kilometer von der Erde entfernt. Die Größe des Mondes am Himmel ist allerdings klein, sein Winkeldurchmesser beträgt nur ein halbes Grad. Man kann ihn mit einem am ausgestreckten Arm gehaltenen Bleistift problemlos abdecken.

EIN FALL FÜR LANGE BRENNWEITEN

Einerseits ist der Mond ein dankbares Objekt für Astrofotografen. Denn er ist sehr hell und es gibt keinen zweiten Himmelskörper, auf dem auch nur annähernd so viele Details auf der Oberfläche von der Erde aus zu sehen sind. Zudem bietet der Mond durch seine ständig wechselnden Phasen immer wieder neue Anblicke und Motive. Andererseits braucht man lange Brennweiten, um ihn groß und detailreich zu fotografieren. Die Abbildungsgröße des Mondes auf dem Sensor deiner Kamera kannst du abschätzen, indem du die Brennweite deines Objektivs durch 110 dividiert. Mit einem 300-mm-Teleobjektiv ergibt sich eine Abbildungsgröße von gerade einmal 2,7 Millimetern. Für eine „bildfüllende" Abbildung des Vollmondes auf einem Vollformatsensor werden rund 2400 Millimeter Brennweite nötig, beim APS-C-Sensor reichen 1500 Millimeter, für einen Sensor im Four-Thirds-Format 1200 Millimeter. Doch keine Sorge, denn in den meisten Fällen genügt auch eine kleinere Abbildung, insbesondere wenn Vordergrundmotive Bildbestandteile sind, vielleicht eine schöne Landschaft beim Mondaufgang oder -untergang.

Supervollmond?

Steht der Mond in Erdnähe, erscheint er etwas größer – viel ist das aber nicht (siehe Bild links).

Die Mondphasen

Von Vollmond bis Neumond und wieder zurück: die Mondphasen sehen wir, da der Mondglobus von der Erde aus gesehen aus unterschiedlichen Richtungen von der Sonne angestrahlt wird. Dabei sehen wir aber immer nur eine Seite, niemals die Mond-Rückseite.

Ein kompletter Zyklus wird „Lunation" genannt und dauert rund 29,5 Tage. Die Lunation beginnt mit dem Neumond, wenn der Mond zwischen der Sonne und der Erde steht. In seltenen Fällen sogar exakt dazwischen, dann ereignet sich eine Sonnenfinsternis (siehe Seite 132). Meistens jedoch zieht der Neumond ober- oder unterhalb der Sonne vorbei und ist unsichtbar. Ein bis zwei Tage später taucht der „junge" Mond als schmale, zunehmende Mondsichel am Abendhimmel auf.

EINE SACHE DES BLICKWINKELS

Mit wachsendem Winkelabstand zur Sonne nimmt der Mond immer weiter zu und geht jeden Abend später unter. Ist nach grob einer Woche der Winkel zur Sonne ein rechter Winkel, also 90 Grad, wird von der Erde aus gesehen die Hälfte des Mondes beleuchtet – dann ist „zunehmender Halbmond" oder „Erstes Viertel". Der Mond nimmt nun weiter zu, bis er genau gegenüber der Sonne steht. Dann ist er voll beleuchtet und die Vollmondstellung erreicht. Seit der Neumondstellung sind rund zwei Wochen vergangen. Der Vollmond geht auf, wenn die Sonne untergeht, und steht die gesamte Nacht am Himmel. Auf- und Untergangspunkte liegen ebenfalls gegenüber der Sonne. Geht die Sonne im Westen unter, steigt der Vollmond im Osten auf. Geht die Sonne im Südwesten unter, erscheint der Vollmond bei seinem Aufgang im Nordosten. Vollmond bedeutet, dass Sonne, Erde und Mond in der genannten Reihenfolge auf einer Linie stehen. In seltenen Fällen ist diese Aufreihung so perfekt, dass der Mond durch den Schatten der Erde läuft, dann findet eine Mondfinsternis statt (siehe Seite 114). Unbeirrt setzt der Mond seine Reise fort und zeigt eine abnehmende Mondphase. Die Aufgänge des Mondes verspäten sich von Abend zu Abend und er zieht sich immer weiter aus der ersten Nachthälfte zurück. Abnehmender Halbmond (Letztes Viertel) ist erreicht, wenn der Winkel zur Sonne wieder 90 Grad beträgt, wobei der Mond nun westlich („rechts") der Sonne steht. Er ist dann

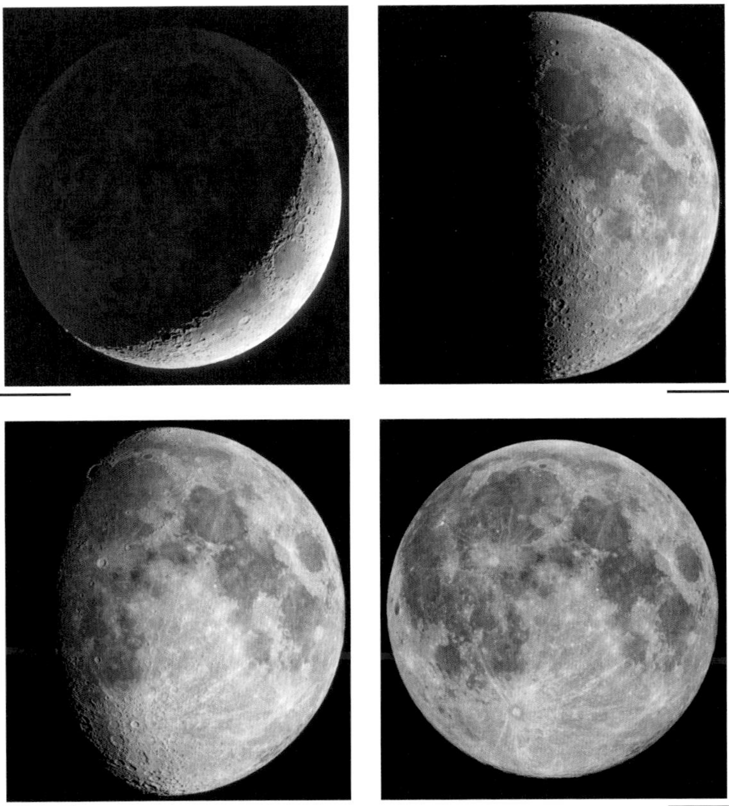

1. Der zunehmende Mond kurz nach Neumond
2. Der zunehmende Halbmond
3. Der zunehmende „Buckelmond"
4. Der Vollmond

in der zweiten Nachthälfte präsent. Etwa drei Wochen nach Neumond ist der Mond ein abnehmender Halbmond. Doch er nimmt weiter ab und seine Aufgänge erfolgen immer später. Die schmale, abnehmende Mondsichel ist nur am Ende der Nacht, bei oftmals schon einsetzender Morgendämmerung sichtbar. Bald nach ihrem Aufgang in östlicher Richtung geht auch die Sonne auf. Hat der Mond die Sonne eingeholt, ist wieder Neumond und die Lunation beendet.

STREIFZUG DURCH DEN TIERKREIS

Während einer Lunation bewegt sich der Mond durch den Tierkreis entlang der Ekliptik, zumindest im Groben. Man findet den Mond also immer in oder in der Nähe der Tierkreissternbilder, niemals in den Sternbildern Großer Wagen oder Schwan, um zwei Beispiele genannt zu haben. Er vollendet einen Umlauf im Tierkreis nach 27,3 Tagen, wobei die Sonne für die gleiche Strecke ein Jahr braucht. Während die Sonne ihre Auf- und untergangspunkte am Horizont im Jahreslauf nur langsam verändert (siehe Seite 124), sind entsprechende Schwankungen beim Mond von Tag zu Tag deutlicher ausgeprägt. Auch die Maximalhöhe, die der Mond im Süden am Himmel einnimmt, ist größeren Schwankungen von Nacht zu Nacht unterworfen. Das Planetariumsprogramm *Stellarium* eignet sich hervorragend, um die Auf-/Untergangszeiten des Mondes zu bestimmen sowie deren Positionen am Horizont zu erfahren. Wer es noch bequemer haben will, bedient sich einer App, die den Ort des Mondes zu jedem beliebigen Datum und einer wählbaren Uhrzeit in das aktuelle Livebild der Handykamera einblenden kann.

Fotomotive auf und mit dem Mond

Jede Mondphase hat ihren ganz eigenen Reiz und bietet uns vielfältige Möglichkeiten, tolle Fotos zu machen. Kein Mond-Tag ist wie der andere. Dabei kann der Mond selbst auch mal nur eine Nebenrolle einnehmen.

Schon mit den bloßen Augen können auf dem Mond dunklere Flecken erkannt werden, die „Mondmeere". Sie heißen so, weil frühere Astronomen glaubten, es seien Ozeane. Heute wissen wir, dass es sich um große Ebenen handelt, die durch gewaltige Einschläge entstanden sind und einst mit Lava geflutet wurden, die längst erstarrt ist. Die Mondmeere formen bei Vollmond ein Muster, das mit viel Fantasie als „Mondgesicht" interpretiert werden kann.

WECHSELNDE ANSICHTEN

Bei systematischer Beobachtung der Mondmeere wird deutlich, dass uns der Mond immer die gleiche Seite zuwendet, während wir die Rückseite nie zu Gesicht bekommen. Doch anhand der randnahen Mondmeere lässt sich auch feststellen, dass innerhalb von Tagen und Wochen der Mond ein bisschen „hin und her wackelt", so dass im Laufe der Zeit rund 60 Prozent der Mondoberfläche sichtbar sind. Der Mond benötigt für eine Drehung um seine eigene Achse exakt die gleiche Zeit wie für einen Lauf um die Erde. Astronomen nennen das „gebundene Rotation". Wohlgemerkt rotiert der Mond in diesen 27,3 Tagen einmal um sich selbst, auch wenn er uns von der Erde aus immer die gleiche Seite zeigt.

Die „dunkle" Seite des Mondes

Manchmal kann man die eigentlich unbeleuchtete Seite des Mondes erkennen, vor allem kurz nach oder kurz vor Neumond, wenn die beleuchtete Seite des Mondes eine schmale Sichel bildet. Der nicht von der Sonne beleuchtete, aber dennoch sichtbare Teil des Mondes wird „aschgraues" oder „aschfahles Licht" genannt. Es geht zurück auf Licht, das die beleuchtete Erdkugel auf den Mond wirft. Stünde man auf der erdzugewandten Seite des Mondes, hätte die Erde am Mondhimmel die umgekehrte Phase wie der Mond von der Erde aus gesehen. Steht am Erdhimmel eine dünne Mondsichel, erscheint die Erde vom Mond aus fast voll beleuchtet. Bei Halbmond auf der Erde ist „Halberde" auf dem Mond. Das aschgraue Licht wird daher immer schwächer, je voller der Mond ist.

Wenige Tage vor Neumond geht der Mond morgens als sehr dünne Sichel auf und zeigt sein „aschgraues Licht".

Entlang der Licht-Schatten-Grenze

Wer es hingegen auf Krater und Mondgebirge abgesehen hat, braucht optische Hilfsmittel: ein Fernglas zum Schauen und ein Teleobjektiv zum Fotografieren. Fündig wird man vor allem in den helleren Bereichen der Mondoberfläche zwischen den Mondmeeren. Weil es um ein Relief auf der Mondoberfläche geht, hilft bei der Erkennung von der Seite einfallendes Licht, um Schatten entstehen zu lassen. Die beste Zeit dafür sind die Tage um den zu- oder abnehmenden Halbmond. Vollmond ist ungünstig, weil das Licht dann genau von „vorne" auf den Mond fällt und keine Schatten gebildet werden. Dennoch hat auch der Vollmond seinen Reiz, denn er zeigt besonders eindrucksvoll sogenannte Strahlenkrater. Das sind Krater, von denen helle Linien nach allen Seiten ausgehen.

Bei Halbmond treten die Mondkrater an der Licht-Schatten-Grenze (dem „Terminator") besonders plastisch hervor.

NAH AM HORIZONT

Besonders lohnenswerte Motive ergeben sich, wenn der Mond auf- oder untergeht. In Horizontnähe wirkt er besonders groß, obwohl es sich dabei nur um eine optische Täuschung handelt, die unter dem Begriff „Mondtäuschung" aktenkundig wurde. Auf jeden Fall ist es eine Bereicherung für die Fotos, wenn außer dem Mond noch irdische Vordergrundobjekte zu sehen sind, zum Beispiel der Horizont, Bäume, Gebäude oder Berge. Für ein perfektes Foto ist etwas Planungsaufwand bei der Auswahl der Mondphase, dem Aufnahmedatum und der -uhrzeit sowie des Kamerastandpunkts zu betreiben.

Eine Frage der Perspektive

Idealerweise wählt man für ein solches Foto eine Dämmerungsphase, damit der Himmel nicht rabenschwarz ist und die Kontraste zu hoch sind. Der Vollmond geht immer in der Dämmerung auf und unter. Oft gilt das auch noch für den Tag vor und nach Vollmond. Die zunehmende Mondsichel geht in der Abenddämmerung unter, die abnehmende in der Morgendämmerung auf. Halbmonde hingegen gehen entweder tagsüber oder in der finsteren Nacht auf oder unter, eignen sich also weniger gut.
Angenommen, dir schwebt ein Foto vor, auf dem der groß abgebildete Vollmond hinter einem schö-

nen Baum aufgeht. Dann solltest du deine Kamera nicht in der Nähe des Baums positionieren! Du bräuchtest dann nämlich ein Objektiv mit großem Bildwinkel (kurzer Brennweite), um den Baum zu erfassen, doch der Mond würde gleichzeitig viel zu klein erscheinen und fast aussehen wie ein heller Stern. Der Abstand vom Baum zur Kamera muss also vergrößert werden, wobei du darauf achten musst, dass Mond, Baum und Kamera eine Gerade bilden.

Liegen zwischen dem Baum und der Kamera zum Beispiel 400 Meter, ist ein langbrennweitiges Teleobjektiv nötig, um den Baum groß abzubilden. Damit wird dann aber auch der Vollmond entsprechend groß und eindrucksvoll dargestellt. Nur die Perspektive, also der Ort der Kamera, entscheidet darüber, wie groß der Mond in Relation zum Vordergrundmotiv auf dem Foto erscheint. Soll das Bild bei Vollmondaufgang entstehen, musst du schon vor dem Aufgang deine Position beziehen. Aber wo? Dazu musst du den genauen Ort am Horizont ermitteln, wo der Vollmond erscheinen wird. Das ändert sich, wie auf Seite 107 erläutert, im Jahreslauf. Danach ist zu klären, ob es überhaupt einen geeigneten Kamerastandpunkt gibt, von dem aus der Baum weit genug entfernt ist und von dem aus der Baum vor einem Himmelshintergrund erscheint. Dort baut man sein Equipment auf und hofft, dass man sich nicht verkalkuliert hat. Sollte der Vollmond nämlich, entgegen der Annahmen, weit links oder rechts des Baums aufgehen, hat man in der Regel keine Chance mehr, trotzdem noch das gewünschte Foto zu machen. Dazu müsste man nämlich innerhalb sehr kurzer

Wenn der Mond auf- oder untergeht zeigt er sich oval verformt und in einem orangenen Licht.

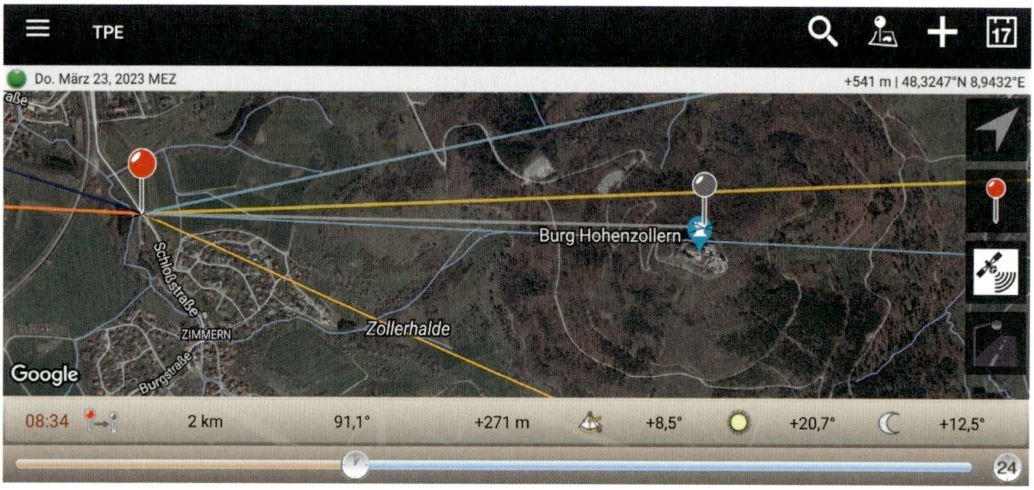

Mit der App „The Photographer's Ephemeris" (TPE) kann man den Mondaufgang oder -untergang hinter einem attraktiven Vordergrundmotiv planen.

Zeit seine Kamera um mehrere hundert Meter versetzt neu aufbauen. Dafür fehlt meistens die Zeit, weil der Mond zügig an Höhe gewinnt. Glücklicherweise gibt es hilfreiche Programme und Apps, die dich bei einer solchen Planung zumindest unterstützen (siehe Seite 157). Damit lässt sich auch ermitteln, um wieviel Uhr das Foto zu schießen ist.

STERN- UND PLANETENBEDECKUNGEN

Auf seiner Bahn entlang des Tierkreises kommt es mitunter vor, dass der Mond einen hellen Stern oder einen Planeten bedeckt. Da der Mond relativ zu den Sternen von West nach Ost weiterrückt, findet die Bedeckung am linken Mondrand statt, rechts taucht das bedeckte Objekt dann wieder auf. Eine zentrale Bedeckung dauert etwa eine Stunde. Wird ein Stern bedeckt, verschwindet er schlagartig und taucht ebenso schlagartig wieder auf. Bei einer Planetenbedeckung dauert die Bedeckung und das Ende jeweils einige Sekunden, wobei der Planet beim Eintritt sukzessive dunkler wird und beim Austritt schrittweise heller. Mit einem langbrennweitigen Teleobjektiv ergibt sich ein schönes Motiv, wenn sehr dicht beim Mond ein helles Gestirn erkennbar ist. Durch mehrere Aufnahmen kann der Verlauf einer Bedeckung visualisiert werden. Findet eine Bedeckung nicht bei Vollmond statt, erfolgt der Ein- oder der Austritt an der dunklen Seite des Mondes.

Am Morgen des 8. Dezember 2022 hat der Vollmond den Mars bedeckt.
Das Bild ist wenige Minuten vor Beginn der Bedeckung entstanden.

HALO-ERSCHEINUNGEN

Steht der Mond am Nachthimmel, kann dessen helles Licht zu allerlei schönen und fotogenen Erscheinungen innerhalb der Erdatmosphäre führen. Im Prinzip sind das alles Phänomene, die auch durch Sonnenlicht entstehen können (siehe Seite 130), nur lichtschwächer. Selbst einen Regenbogen kann das Licht des Mondes produzieren, wenn die Voraussetzungen stimmen. Dazu nötig sind Wassertröpfchen in der Luft, dann taucht der Bogen genau gegenüber des Mondes auf, ohne dass das bloße Auge die Farben erkennt. Auf den Fotos sieht man aber auch die Regenbogenfarben. Das Wasser in der Luft kann durch abziehenden Regen, aber auch durch die Gischt eines Wasserfalls produziert werden. Wichtig ist, dass man bei entsprechender Gelegenheit Ausschau danach hält.

Der Mond hält Hof

Schaut man direkt den Mond an, hat dieser manchmal einen „Hof", der auf Fotos nicht selten unterschiedliche Farben zeigt. Oft sind hoch schwebende Wolken, manchmal sogar riesige Mengen an Pollen dafür verantwortlich. Gar nicht so selten ist ein heller Ring um den Mond, der auf Fotos durchaus auch verschiedene Farben zeigt. Sein

Wenn der Himmel von Schleierwolken überzogen ist, entsteht um den Mond (oder die Sonne) oft ein großer Lichtring, der als 22-Grad-Halo bekannt ist.

Radius beträgt 22 Grad. Der Ring ist die häufigste von sogenannten Halo-Erscheinungen, die auf Lichtreflektionen an Eiskristallen zurückgehen, die sich in Zirrus-Wolken in großer Höhe gleichmäßig ausgerichtet haben. Um den ganzen Ring auf ein Foto zu bekommen, benötigst du ein Weitwinkelobjektiv. An einer Vollformatkamera sollte es ein Objektiv mit 24 Millimeter Brennweite sein, an einer APS-C-Kamera entsprechend eines mit 16 Millimeter Brennweite. Ein Mondhalo ist nicht sehr leuchtstark, so dass du länger belichten musst. Eine Überbelichtung des Mondes selbst ist dabei nicht zu vermeiden. Statt mit Oberflächendetails wird der Mond auf dem Foto nur als großer, heller Fleck abgebildet.

MONDFOTOGRAFIE: FEHLERQUELLEN

1. Mond überbelichtet

Das Belichtungsprogramm „M“ (Manuell) wählen und Belichtungszeit, Blende und ISO-Wert selbst so einstellen, dass es zu keinen Überbelichtungen und damit zu irreversiblem Datenverlust kommt. Dabei hilfreich ist die Kontrolle des Histogramms (siehe Seite 30).

2. Mond nicht richtig scharf gestellt

Unter normalen Umständen und bei einigermaßen großer Abbildung des Mondes kannst du vom Autofokus sehr gute Resultate erwarten. Insbesondere dann, wenn du selbst das aktive AF-Messfeld über dem Mond platzierst (manuelle Wahl des AF-Messfeldes). Sollte der Autofokus Sperenzien machen, schalte einfach auf manuellen Fokus (MF) um und versuche, ein besseres Ergebnis zu erzielen, indem du die Scharfeinstellung selbst vornimmst.

3. Unschärfe durch Luftunruhe

Luftturbulenzen, das sogenannte „Seeing“, können zu unscharfen Mondfotos führen. In Nächten mit schlechtem Seeing kann man versuchen, die Belichtungszeit kurz zu halten (dazu den ISO-Wert anheben), um so das Flimmern quasi „einzufrieren“. Du solltest viele Aufnahmen machen und im Nachgang das schärfste Einzelfoto aus der Serie herausfischen. Besser ist es natürlich, eine Nacht mit gutem Seeing zu wählen. Tückisch sind auch folgende Szenarien: Der Mond steht nicht hoch genug am Himmel. Oder er steht über einem Schornstein, aus dem warme Luft herauskommt. Oder über einem Hausdach, welches die gespeicherte Hitze des Tages abstrahlt. Oder die Ausrüstung ist noch nicht temperiert, wenn sie zum Beispiel gerade aus einem beheizten Raum ins Kalte gebracht wurde. Oder es wird aus einem geöffneten Fenster heraus fotografiert. Bei Objektiven mit langen Brennweiten ist zudem damit zu rechnen, dass durch Temperaturveränderungen von Zeit zu Zeit neu fokussiert werden muss.

4. Unschärfe durch eine zu lange Belichtungszeit.

Freilich nimmt auch der Mond an der täglichen Himmelsdrehung teil, die bei zu langer Belichtungszeit zu einer strichförmigen Darstellung der Sterne führt. Doch während man bei Sternen minimale Unschärfen noch hinnehmen kann, möchte man bei den Oberflächenstrukturen des Mondes gerne die maximale Schärfe sehen. Daher bitte auf unnötige Abblendung und extrem niedrige ISO-Werte zugunsten einer kürzeren Belichtungszeit verzichten. Es gelten die gleichen Formeln, die zur Ermittlung der maximal zulässigen Belichtungszeit für punktförmige Sternabbildung genannt wurden (siehe Seite 51), diesmal allerdings in ihrer strengen Auslegung. Bei problematisch langen Belichtungszeiten, die insbesondere bei Mondfinsternissen (siehe Seite 114) notwendig sein können, schafft eine Nachführeinheit (siehe Seite 65) Abhilfe. Diese muss nicht zwingend mit „Mondgeschwindigkeit“ nachführen, die „Sterngeschwindigkeit“ ist völlig ausreichend.

Mondfinsternisse

Ausschließlich bei Vollmond kann es gelegentlich zu einer Mondfinsternis kommen, wenn der Mond durch den Schatten der Erde läuft. Im besten Fall wird er dabei total verfinstert und leuchtet dann in einem gespenstischen, roten Licht.

Wenn der Mond während der Finsternis auf- oder untergeht, besteht die Gelegenheit, den (teil-) verfinsterten Mond zusammen mit einer Landschaft im Vordergrund abzulichten.

Würde der Mond in exakt der gleichen Ebene um die Erde laufen wie die Erde um die Sonne, gäbe es bei jeder Vollmondstellung auch eine Mondfinsternis. Da die Mondbahn aber gegenüber der Erdbahn um die Sonne verkippt ist, sind Mondfinsternisse vergleichsweise seltene Ereignisse. Wenn es aber zu einer Mondfinsternis kommt, ist diese immer von der gesamten Halbkugel der Erde aus zu sehen, auf der gerade Nacht herrscht, der Vollmond also über dem Horizont steht. Die andere Hälfte der Erde, auf der gerade Tag ist, verpasst die Finsternis oder zumindest Teile davon.

Die Erde wirft einen kegelförmigen Schatten, der genau gegenüber der Sonne weit ins All reicht. Dringt der Mond in diesen Schatten ein, würde man vom Mond aus eine Sonnenfinsternis sehen können. Doch der Rand des Erdschattens ist nicht scharf begrenzt, da die Erdatmosphäre das Sonnenlicht in die Schattenzone hineinlenkt. Innerhalb des Kernschattens ist die Sonne vom Erdglobus komplett verdeckt. Kreisförmig um diesen Kernschatten herum existiert ein Halbschatten, von dem aus betrachtet die Sonne durch die Erde nur teilweise verdeckt wird. Je nachdem, wie tief der Vollmond in diese Schattenzonen eindringt, werden drei verschiedene Arten von Mondfinsternissen unterschieden:

HALBSCHATTENFINSTERNIS

Der Mond dringt nur in den Halbschatten der Erde ein, das heißt, an keinem Punkt der Mondoberfläche verschwindet die Sonne komplett hinter dem Erdglobus. Doch die Sonne wird teilweise von der Erde verdeckt, so dass die Helligkeit der Mondoberfläche abnimmt. Halbschattenfinsternisse sind sehr unauffällig und unspektakulär. Als unbedarfter Beobachter würde man unter Umständen nicht einmal Notiz davon nehmen, selbst wenn man zum Mond hochschaut. Fotografisch jedoch lassen sie sich leicht nachweisen, denn der Halbschatten weist einen Gradienten auf, ist also auf einer Seite dunkler als auf der anderen. Mit dem bloßen Auge ist dieser subtile Helligkeitsverkauf nur schwer zu erkennen. Wenn du aber mit einer langen Brennweite den Mond richtig belichtest und Überbelichtung vermeidest (siehe Seite 30), wird der Schattenwurf sehr deutlich. Am besten fotografierst du mit der gleichen Ausrüstung den Mond schon eine Stunde vor oder auch eine Stunde nach der Finsternis, um einen direkten Vergleich zwischen verfinstertem und unverfinstertem Mond zu haben. Halbschattenfinsternisse können mehrere Stunden lang dauern.

Oben der unverfinsterte Vollmond, unten befand sich der Mond im Halbschatten der Erde.

PARTIELLE MONDFINSTERNIS

Taucht der Vollmond teilweise in den Kernschatten der Erde ein, entsteht eine partielle Mondfinsternis. Auf Teilen der Mondoberfläche ist die Sonne dann komplett vom Erdglobus abgedeckt. Eine partielle Mondfinsternis beginnt damit, dass der Vollmond an einer Stelle immer dunkler wird. Der Rand des Kernschattens ist nicht scharf begrenzt, so dass sich der Beginn der Verfinsterung nicht genau feststellen lässt. Welche Anteile der Mondoberfläche im weiteren Verlauf im Kernschatten der Erde verschwinden, ist von Finsternis zu Finsternis unterschiedlich. Während des Verlaufs und während der maximalen Finsternis bleiben jedoch immer Teile des Mondes hell, so dass der Anblick dem einer gewohnten Mondphase nicht unähnlich ist. Sie liegen zwar im Halbschatten der Erde, sind aber dennoch hell. Interessanterweise sind die vom Kernschatten verdunkelten Teile des Mondes nicht komplett finster, sondern leuchten bräunlich oder rotbraun. Durch die Erdatmosphäre gestreutes Licht erreicht nämlich trotz geometrischer Verfinste-

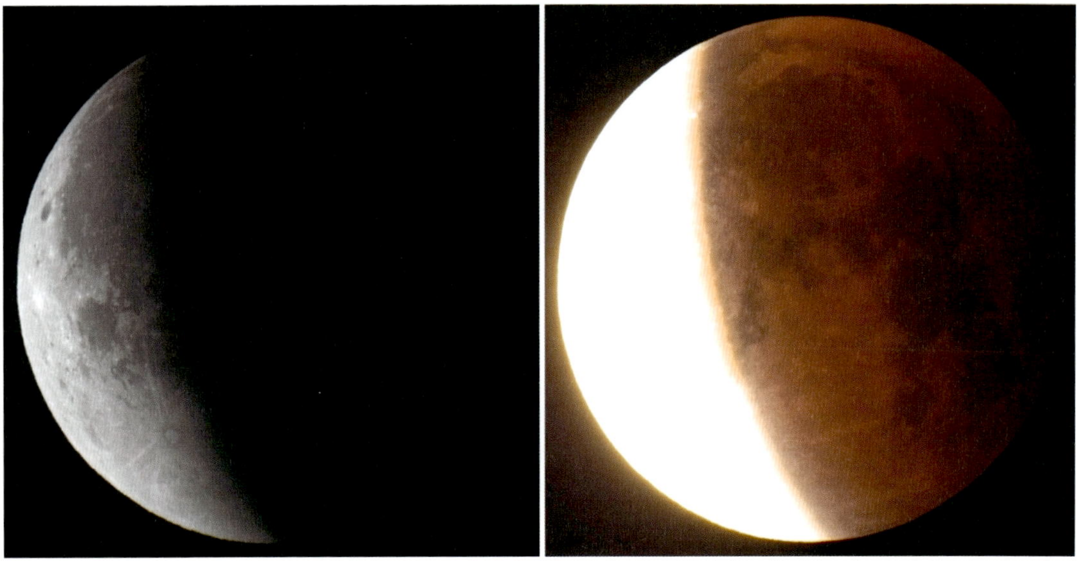

Zwei Aufnahmen einer partiellen Mondfinsternis, die kurz nacheinander entstanden sind. Das rechte Bild wurde deutlich länger als das linke Bild belichtet.

rung die Mondoberfläche doch. Um dieses Phänomen fotografisch festzuhalten, solltest du manuell belichten und die Belichtung in weiten Grenzen variieren. Auf vergleichsweise lang belichteten Aufnahmen sind die im Kernschatten der Erde liegenden Regionen dann sichtbar, wenn auch zum Preis einer Überbelichtung der hellen Mondpartien. Bisweilen musst du dafür so lange belichten, dass die Verwendung einer Nachführeinheit (siehe Seite 65) sinnvoll ist, um Bildunschärfe durch die Fortbewegung des Mondes während der Belichtungszeit zu vermeiden. Die Dauer, die der Mond teilweise im Kernschatten der Erde verbringt, schwankt von Finsternis zu Finsternis, kann aber durchaus 2,5 Stunden betragen. Zumindest drei Zeitangaben sind wichtig: Der Beginn und das Ende der partiellen Verfinsterung sowie die Mitte der Finsternis, also der Zeitpunkt der maximalen Verfinsterung.

TOTALE MONDFINSTERNIS

Am eindrucksvollsten ist eine Mondfinsternis, wenn sie total ist. Dann taucht der Mond vollständig in den Kernschatten der Erde ein. Von keinem Punkt der Mondoberfläche ist die Sonne noch sichtbar. Durch Lichtstreuung in der Erdatmosphäre verschwindet der Mond aber nicht komplett vom Himmel, wird aber sehr dunkel und nimmt eine kupferrote Farbe ein – ein mystischer Anblick! Wie dunkel der Mond genau wird, hängt einerseits von der Beschaffenheit der Erdatmosphäre ab, andererseits davon, wie tief und zentral der Mond durch den Kernschatten der Erde wandert. Maximal verbringt der Mond mehr als 1,5 Stunden komplett im Kernschatten, auch wenn die meisten totalen Mondfins-

ternisse nicht so lange dauern, weil der Mond nur durch die Randbereiche des Kernschattens zieht. Doch es sollte genügend Zeit bleiben, die Phase der Totalität ohne Hektik abzulichten. Natürlich sind wieder lange Brennweiten („Tele") gefragt, damit der Mond hinreichend groß abgebildet wird. Doch die totale Phase einer Mondfinsternis ist auch eine seltene Gelegenheit, quasi den Vollmond zusammen mit den umgebenden Sternen zu fotografieren, die normalerweise vom hellen Mond überstrahlt werden. Um auch die Sterne fotografisch zu erfassen und den verdunkelten Mond abzubilden, sind lange Belichtungszeiten einzustellen. Diese wiederum sind praktisch nur mit einer Nachführeinheit realisierbar. Ohne eine Nachführeinheit kann man sein Glück allenfalls mit kürzeren Brennweiten und entsprechend hohen ISO-Werten versuchen.
Sehr anschaulich sind auch kleinere Mondabbildungen, wenn du verschiedene Phasen der Finsternis fotografierst und später so zusammenmontierst, dass man den Ablauf der Finsternis nachvollziehen kann.

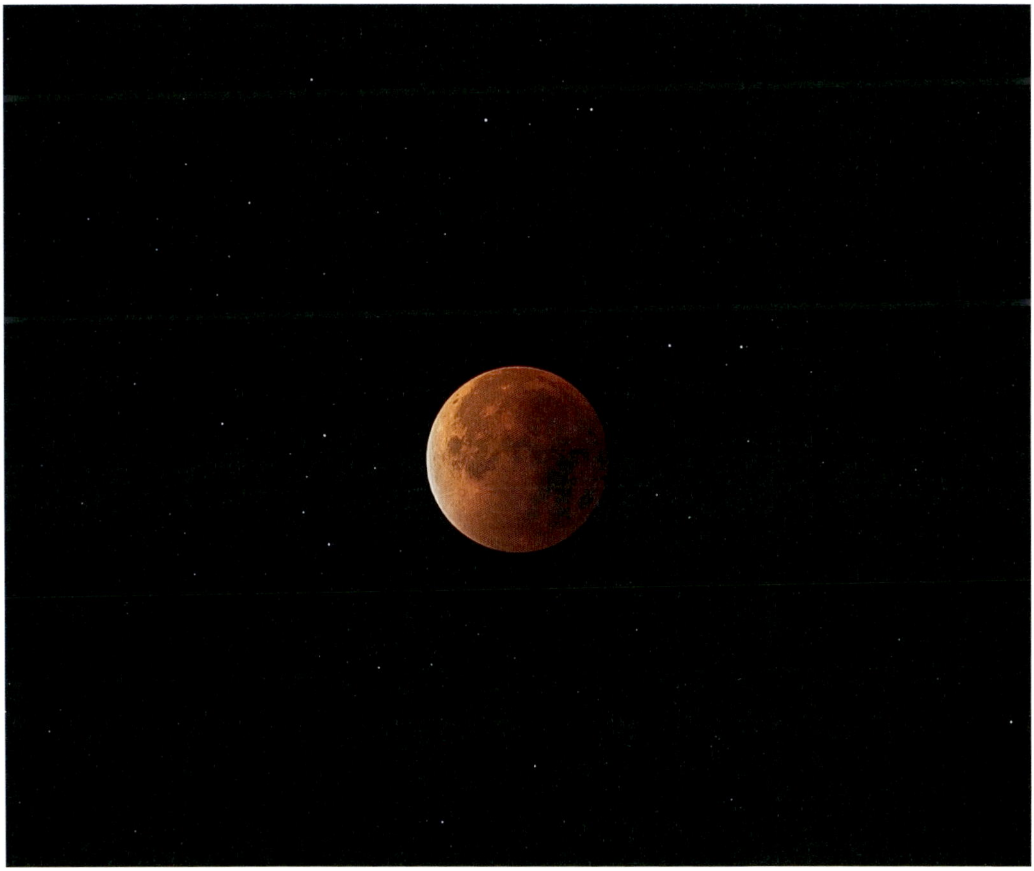

Der total verfinsterte Vollmond schwebt hier gewissermaßen in einem Feld aus Sternen.

STRAHLENDE SONNE – NUR MIT SCHUTZ

Keine Experimente! Zur Beobachtung und Fotografie der Sonne immer einen professionellen Schutzfilter vor dem Objektiv verwenden.

Der Stern in unserer Mitte

Die Sonne ist für uns von größter Bedeutung, denn von ihr stammt die Energie, ohne die Leben auf der Erde nicht vorstellbar wäre. Dennoch ist sie nur ein „gewöhnlicher Stern“ unter vielen anderen in unserer Milchstraße.

Die Sonne bildet das Zentrum unseres Sonnensystems, in dem die Erde einer von insgesamt acht Planeten ist, die um die Sonne kreisen. Die Sonne ist der einzige selbst leuchtende Körper im Sonnensystem, der Mond und die am Himmel sichtbaren Planeten werden von ihr angestrahlt. Sie ist mit weitem Abstand das massereichste und größte Objekt im Sonnensystem. Man müsste 104 Erdkugeln in einer Kette aufreihen, um ihren Durchmesser zu erreichen. Die Erde ist etwa 150 Millionen Kilometer von der Sonne entfernt, eine Strecke, für die selbst das superschnelle Licht acht Minuten und 20 Sekunden benötigt. Diese Strecke wird „Astronomische Einheit“ (AE) genannt, ein Maß, mit der auch andere Entfernungen innerhalb des Sonnensystems anschaulich angegeben werden können.

Die ungeheure Menge an Energie, die die Sonne abstrahlt, wird im Sonneninneren durch Kernfusion erzeugt, der Umwandlung von Wasserstoff in Helium. Dieser Prozess läuft bei etwa 15 Millionen Grad Celsius ab! Verglichen damit ist es auf der Oberfläche der Sonne mit zirka 5500 Grad Celsius „kühl“, im Bereich der Sonnenflecken sind es nochmals 1000 Grad weniger. Eine feste Oberfläche hat die Sonne aber nicht, sie ist in Wirklichkeit ein riesiger Gasball, eine Kugel aus Plasma. Die Sonne ist der einzige Stern, bei dem ohne professionellen Aufwand eine Beobachtung der Vorgänge auf der Außenseite gelingt. Alle anderen Sterne sind erheblich weiter entfernt und bleiben daher selbst bei höchster Vergrößerung nur winzige Lichtpünktchen am Nachthimmel.

Zur Beobachtung der Sonne sind besondere Schutzmaßnahmen erforderlich. Bitte auf gar keinen Fall versuchen, Fotos ohne Spezialfilter zu machen!

Sichere Sonnenbeobachtung

Die Sonne ist das einzige astronomische Fotomotiv, bei dem nicht die Lichtarmut, sondern die Lichtfülle eine Herausforderung darstellt. Um sie zu beobachten oder zu fotografieren, muss ein Schutzfilter verwendet werden.

Abgesehen von den kurzen und seltenen Momenten während einer totalen Sonnenfinsternis (siehe Seite 132) müssen bei der Sonnenbeobachtung zu jedem Zeitpunkt wirkungsvolle Schutzmaßnahmen getroffen werden, um die Augen, die Kamera und das Objektiv vor Schäden zu bewahren. In der Fotografie übliche Verfahren bei viel Licht – eine kleine Blendenöffnung und der Einsatz eines fotografischen Graufilters – sind für die Sonnenfotografie nicht ausreichend und nicht geeignet!

FILTERFOLIE: GÜNSTIG UND GUT

Sehr gut, vergleichsweise preiswert und absolut sicher sind spezielle Sonnenfilterfolien unter dem Markennamen „AstroSolar", die auch in den „Sonnenfinsternisbrillen" verwendet werden. Sie sind hauchdünn und beeinträchtigen die Bildschärfe nicht. Du kannst sie „lose" erwerben, zum Beispiel im Format DIN A4 und daraus mehrere Filter für verschiedene Objektive anfertigen. Alternativ gibt es auch fertige Sonnenfilterfassungen in verschiedenen Durchmessern. Diese Folie lässt nur ein Hunderttausendstel des Sonnenlichts passieren! Bei der Verwendung musst du darauf achten, dass die Folie unbeschädigt ist, also keine Löcher hat, und dass das Filter absolut windsicher vor dem Objektiv befestigt ist. Wellen in der Folie sind unproblematisch, Knicke hingegen zu vermeiden. Fotografierst du durch ein solches Folienfilter hindurch, ist nur noch die Sonne sichtbar, der Rest des Bildes wird schwarz.
Das ist insofern relevant, da die Sonne am Himmel genau so groß, besser gesagt genau so klein erscheint wie der Vollmond. Ihr Winkeldurchmesser beträgt magere 0,5 Grad, daher gilt auch für die Sonne die Formel für die Abbildungsgröße auf dem Sensor: Brennweite des Objektivs dividiert durch 110 (siehe Seite 105). Konsequenterweise benötigst du lange und längste Brennweiten, wenn die Sonne das Bildfeld füllen soll.

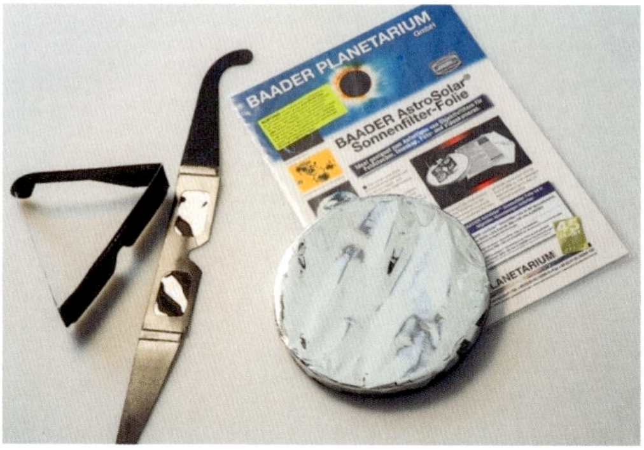

Die AstroSolar-Filterfolie ist ein günstiges, sehr gutes und vor allem sicheres Hilfsmittel zu Sonnenbeobachtung.

ZEHN GEBOTE ZUR SONNENBEOBACHTUNG

Die Strahlung der Sonne ist so intensiv, dass sie im Handumdrehen unsere Augen bis hin zur völligen Erblindung schädigen kann. Auch Kameras und Objektive müssen geschützt werden, um Zerstörungen bis hin zum Totalschaden zu verhindern. Bitte nimm diese Hinweise ernst!

1. Niemals mit den bloßen Augen oder einer Sonnenbrille direkt in die Sonne schauen. Größte Vorsicht ist selbst dann noch angebracht, wenn die Sonne nur knapp über dem Horizont steht.
2. Niemals mit einem optischen Gerät (Teleskop, Fernglas, Fotoobjektiv) die Sonne anvisieren, wenn keine geeigneten Schutzfilter VOR dem Objektiv angebracht wurden.
3. Eine unbeschädigte Sonnenfinsternisbrille ist sicher, so lange man kein Fernglas VOR die Brille hält. Die vom Fernglas gebündelte Sonnenstrahlung würde die Folie der Brille sofort zerstören.
4. Schutzfilter vor den Objektiven müssen unbeschädigt sein sowie stabil und windsicher befestigt werden.
5. In Beobachtungspausen sollte das Beobachtungsinstrument nicht auf die Sonne zeigen. Kinder und unerfahrene Beobachter und Beobachterinnen dürfen keinen unbeaufsichtigten Zugang zum Beobachtungsinstrument haben.
6. Bei Spiegelreflexkameras ist die Live-View-Funktion statt des optischen Suchers zu benutzen. Mit der Live-View-Funktion kann maximal die Kamera zerstört werden, nicht jedoch die Augen.
7. Bei der Verwendung von Schutzfiltern ist auf Bastelarbeiten mit Hausmitteln zu verzichten, sondern es sind ausschließlich speziell für die Sonnenbeobachtung vorgesehene, unbeschädigte Schutzfilter benutzen.
8. Kameras mit Objektiven ohne Schutzfilter vor der Frontlinse dürfen nicht länger auf die Sonne ausgerichtet werden. Das Objektiv bündelt die Lichtstrahlen und erzeugt im Brennpunkt hohe Temperaturen. Diese können Teile des Objektivs oder der Kamera beschädigen, bei spiegellosen Kameras auch den Bildsensor.
9. Kameras mit Objektiven ohne Schutzfilter vor der Frontlinse möglichst nicht für längere Zeit in die Nähe der Sonne zeigen lassen. Selbst die außerhalb des Bildfeldes stehende Sonne kann durch schräg einfallende Lichtbündel ins Objektiv Brennpunkte generieren, die an der Innenwand des Objektivtubus' Schäden verursachen können.
10. Bei unbeaufsichtigter Ausrüstung darauf achten, dass die Sonne nicht durch ihre tägliche Bahn am Himmel ins Blickfeld geraten kann. Bei automatischen Aufnahmereihen für Strichspuraufnahmen (siehe Seite 60) den Sonnenaufgang berücksichtigen! Bei nicht benutzten Objektiven ist die konsequente Verwendung des vorderen Objektivdeckels zu empfehlen.

Bei adäquatem Schutz ist die Sonne ein schönes Beobachtungsobjekt. Alle Warnungen beziehen sich auf Fotos, bei denen die Sonne das Hauptmotiv darstellt. Möchtest du eine Landschaftsaufnahme mit einem Weitwinkelobjektiv ohne Stativ machen, auf dem die Sonne als gleißend heller Stern am blauen Himmel steht, kannst du das bedenkenlos tun. Bei spiegellosen Kameras und Smartphones besteht dabei grundsätzlich keine Gefahr für die Augen.

Der Sonnenlauf durchs Jahr

In Mitteleuropa geht die Sonne an jedem Tag des Jahres einmal auf und einmal unter. Die Tageslänge schwankt jedoch erheblich, ebenso die Höhe der Sonne im Süden gegen Mittag – auf diese Weise entstehen die Jahreszeiten.

WIE HOCH STEHT DIE SONNE?

Die Jahreshöchststellung wird am Tag der Sommersonnenwende erreicht und errechnet sich durch die einfache Formel

$$113{,}5° - B$$

Wobei B die geografische Breite des Beobachtungsorts ist. Auf 50 Grad nördlicher Breite (etwa Frankfurt/Main) ergibt sich eine Maximalhöhe von 63,5 Grad. Zu Frühlings- und Herbstanfang lautet die Formel

$$90° - B$$

Dies bedeutet, dass an den Tagen der „Tagundnachtgleiche" die Sonne auf 50 Grad nördlicher Breite maximal 40 Grad hoch steigt. Am Tag der Wintersonnenwende sind es dann nur noch

$$66{,}5° - B$$

Daraus errechnet sich eine Maximalhöhe von 16,5 Grad, wenn B = 50 Grad beträgt.

Je weiter man sich dem Erdäquator nähert, desto geringer fallen diese jahreszeitlichen Unterschiede aus. Bewegt man sich aber in Richtung der Erdpole, fallen die jahreszeitlichen Schwankungen dramatischer aus. Jenseits der Polarkreise (66,5 Grad nördliche bzw. südliche Breite) gibt es die „Mitternachtssonne", also Tage, an denen die Sonne nie untergeht, und „Polarnächte", in denen sie nie aufgeht. Extrem ist die Situation am Nord- und Südpol der Erde, wo die Sonne ein halbes Jahr über, den Rest des Jahres unter dem Horizont verbringt.

AUFGANG UND UNTERGANG

Auch die Auf- und Untergangspunkte am Horizont verschieben sich im Jahresrhythmus. Streng genommen geht die Sonne nur an zwei Tagen im Jahr exakt im Osten auf und im Westen unter: Bei Frühlings- und bei Herbstbeginn. Im Sommerhalbjahr verschieben sich die Auf- und Untergangspunkte jeweils nach Norden, im Winterhalbjahr nach Süden.

Wenn die Sonne aufgeht oder untergeht, spielt sich oft ein farbenprächtiges Spektakel am Himmel ab. Auch die Dämmerungsphasen, wenn die Sonne unterhalb des Horizonts steht, bietet mitunter grandiose Farbenspiele, während schon der Mond, helle Planeten und Sterne sichtbar sind.

Wenn die Sonne hinter dem Horizont versinkt, erstrahlt der Himmel in herrlichen Farben.

Fotografisch ist das keine besondere Schwierigkeit, denn bei einer gewissen Mindesthelligkeit arbeiten Belichtungsautomatik und Autofokus zuverlässig. Nicht unterschätzt werden darf die Helligkeit der Sonne in Horizontnähe. Nur selten ist sie durch die Trübung der Erdatmosphäre so stark geschwächt, dass sie sich als glutrot glimmender Ball präsentiert. Dann erübrigen sich Schutzfilter. An vielen Tagen im Jahr jedoch ist sie auch beim Auf- oder Untergang so hell, dass man sie nicht ungeschützt anschauen darf. Das Fotografieren macht hingegen keine Probleme in solchen Situationen, wenn man den Blick durch den optischen Sucher einer Spiegelreflexkamera meidet.

Schauspiele nah am Horizont

Besonders eindrucksvoll ist es, wenn sich die Sonne am Horizont verformt. Oft nur oval, zuweilen aber auch zu seltsamen Figuren, etwa kastenförmig. Manchmal wird die Sonne vom Rand her immer wieder eingeschnürt, wobei die Einschnürungen nach oben laufen. Abgeschnürte Teile der Sonne können sich lösen und nach oben schweben. An besonders klaren Tagen mit guter Sicht zum mathematischen Horizont kannst du außerdem Ausschau halten nach farbigen Rändern, denn die Lufthülle der Erde wirkt wie ein Prisma und zerlegt das weiße Sonnenlicht in seine spektralen Bestandteile. Am oberen Sonnenrand taucht in manchen Fällen die Farbe Grün auf. Wird ein derartiger grüner Rand abgeschnürt und schwebt isoliert nach oben, handelt es sich um einen sogenannten „Grünen Blitz“. Um das Augenlicht nicht zu gefährden, empfehle ich die Beobachtung solcher Vorgänge durch den elektronischen Sucher einer Kamera beziehungsweise auf dem Display einer Spiegelreflexkamera, wenn die Live-View-Funktion aktiviert wird.

Nah am Horizont zeigt die an sich runde Sonne durch die Erdatmosphäre mitunter kuriose Formen.

Schauspiele auf der Sonne

Wenn das Objektiv durch den Sonnenfilter geschützt ist, können die Beobachtungen beginnen. Um Details auf ihrer Oberfläche zu erkennen, sind wie beim Mond Objektive mit längeren Brennweiten nötig.

SONNENFLECKEN

Die Sonne sieht nicht immer gleich aus, sie zeigt Phasen mit hoher und niedriger „Aktivität". Alle elf Jahre tritt ein Aktivitätsmaximum ein, dazwischen jeweils ein Minimum. Während der besonders aktiven Phase sind Polarlichter häufiger und eindrucksvoller (siehe Seite 80). Einen gut sichtbaren Hinweis auf den aktuellen Aktivitätsstatus liefern die Sonnenflecken. Das sind dunkle Gebiete, an denen die Sonnenoberfläche etwa 1000 Grad kühler ist als in der Umgebung und die durch Störungen des Magnetfeldes der Sonne zustande kommen. Anzahl und Größe der Sonnenflecken nehmen in den Phasen hoher Sonnenaktivität beträchtlich zu. Befindet sich die Sonne im Aktivitätsminimum, kommt es vor, dass es tage- oder wochenlang keine Sonnenflecken zu sehen gibt. Während der Maxima gibt es das nie oder höchst selten. Kleinere Sonnenflecken verschwinden manchmal schon nach wenigen Tagen wieder, große Fleckengruppen können mehrere Wochen lang existieren, verändern aber währenddessen ihr Erscheinungsbild. Verfolgt man die Entwicklung eines großen Flecks oder einer Fleckengruppe, wird man die Drehung der Sonne bemerken. Sie rotiert an ihrem Äquator schneller als in den polnahen Regionen. Im Schnitt bezieht ein langlebiger Sonnenfleck nach etwa 27 Tagen wieder die gleiche Position, wenn die Sonne eine von der Erde aus gesehen volle Rotation absolviert hat. Die Hälfte davon verbrachte der Fleck auf der Sonnen-Rückseite und konnte währenddessen nicht beobachtet werden.

Große Sonnenflecken können den Durchmesser der Erde um ein Vielfaches übertreffen. Sie sind gegliedert in einen dunklen Zentralbereich und eine etwas hellere Außenzone. Außerdem wird auf Fotos eine leichte Abdunklung der Sonne zu ihrem Rand hin sichtbar. Zudem sind helle Regionen, die Fackeln genannt werden, auszumachen. Besonders gut erkennbar sind die Fackeln im Bereich der Randverdunkelung.

Die Sonne fotografieren

Fotografisch gesehen ist bei der Sonnenfotografie das Wichtigste, dass stets ein geeigneter Schutzfilter vor dem Objektiv benutzt wird. Ein Stativ und

Auf der Sonnenoberfläche sind meist Sonnenflecken zu sehen. Ihre Anzahl und Gestalt ändern sich in wenigen Tagen.

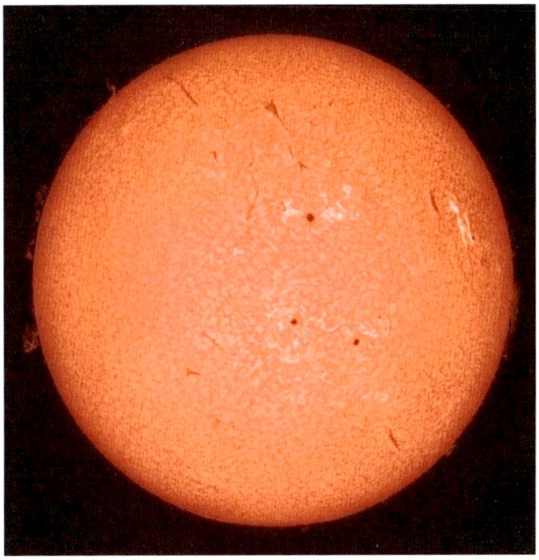

Mit einem H-alpha-Filter zeigt die Sonne ein ganz anderes Erscheinungsbild. Am Rand werden die Protuberanzen sichtbar.

eine lange Objektivbrennweite sind ebenfalls Pflicht. Selbst durch das Schutzfilter wird der Autofokus funktionieren. Falls nicht, muss auf manuellen Fokus umgeschaltet werden. Bei der Belichtung ist man mit der manuellen Einstellung auf der sicheren Seite, wobei Blende, Belichtungszeit und ISO-Wert selbst bestimmt werden. Um die Abbildungsleistung des Objektivs zu optimieren, empfiehlt sich eine Abblendung um eine bis anderthalb Belichtungsstufen. Die Belichtungszeit fällt normalerweise kurz genug aus, um Unschärfen durch die Weiterbewegung der Sonne am Himmel auszuschließen, trotz niedriger ISO-Werte. Falls die Belichtungszeit dennoch eine kritische Grenze erreichen sollte, muss der ISO-Wert nach oben angepasst werden. Die Belichtung wird so eingestellt, dass das Histogramm weit nach rechts ragt, ohne jedoch am rechten Rand anzustoßen (siehe Seite 30).

DIE CHROMOSPHÄRE

Das Licht und die Wärme der Sonne stammt im Wesentlichen von ihrer Photosphäre, die man gemeinhin als „Sonnenoberfläche“ bezeichnen würde. Doch es gibt noch eine Schicht darüber, die Chromosphäre. Sie ist vergleichsweise lichtschwach und wird von der Photosphäre durchleuchtet. Mit speziellen Filtern gelingt es, ausschließlich das Licht des einfach angeregten Wasserstoffs, genannt „H-alpha“, und damit die Chromosphäre sichtbar zu machen. Dann zeigt die Sonne ein ganz anderes Gesicht und die Protuberanzen am Sonnenrand werden sichtbar! Klassischerweise werden ein Teleskop und sehr kostspielige Filter eingesetzt, um die Chromosphäre zu fotografieren. Doch inzwischen sind günstigere H-alpha-Filter erhältlich, die zwischen eine Kamera und ein Teleobjektiv montiert werden können. Sicher ist das nicht der Königsweg, um die Chromosphäre zu beobachten, aber für erste Gehversuche hat es seinen Reiz. Bitte verwechsele H-alpha-Filter zur Sonnenbeobachtung nicht mit H-alpha-Filtern, die für die Fotografie von Gasnebeln mit speziellen Astrokameras gedacht sind. Letztere dürfen für die Sonnenbeobachtung nicht benutzt werden!

Merkur und Venus vor der Sonne, jeweils oben rechts.

PLANETEN VOR DER SONNE

Dass Planeten genau vor der Sonne, also exakt auf der Sichtline Sonne-Planet-Erde stehen, ist ein seltenes Ereignis und wird „Transit" genannt. Dafür in Frage kommen nur die beiden inneren Planeten Venus und Merkur. Venustransite sind interessanter, weil die Venus so groß ist, dass schon eine Sonnenfinsternisbrille ausreicht, um sie als schwarzen Fleck zu erkennen. Aber nach 2004 und 2012 findet der nächste Venustransit erst im Jahr 2117 statt.

Merkur zeigt sich öfter vor der Sonne, allerdings nur als sehr kleiner Punkt. Eine Sonnenfinsternisbrille reicht nicht aus, um ihn wahrzunehmen. Fotografisch rüstet man sich dafür genau so, als wollte man Sonnenflecken fotografieren. Die nächsten Gelegenheiten bieten sich am 13. November 2032 und am 7. November 2039 nach Sonnenaufgang sowie am 7. Mai 2049 zur Mittagszeit. Um 2032 und 2039 bessere Sichtbedingungen zu haben, muss eine Reise unternommen werden.

ANDERE OBJEKTE VOR DER SONNE

Nicht nur Planeten, auch menschengemachte Flugobjekte können vor der Sonne gesichtet und fotografiert werden. Bei regelmäßiger Sonnenbeobachtung kommt es sporadisch vor, dass ein Verkehrsflugzeug, ein Partyballon, ein Wetterballon, Vögel oder Satelliten vor der Sonnenscheibe vorbeisausen. Von Flugzeugen abgesehen, die man kommen sieht, kann man eine solche Begegnung praktisch nicht planen, so dass einem kaum Zeit bleibt, um schnell zu reagieren und den Auslöser zu drücken. Für die Internationale Raumstation (ISS) gibt es aber präzise Vorhersagen, zum Beispiel unter *https://transit-finder.com*. Dabei ist es von entscheidender Bedeutung, dass der Beobachtungsort möglichst genau angegeben wird. Der Streifen auf der Landkarte, von dem aus die ISS vor der Sonne zu sehen ist, hat nur eine Breite von wenigen Kilometern! Weil der Transit nur rund eine Sekunde dauert und man die ISS nicht kommen sieht, muss eine sehr exakt laufende Uhr verwendet werden, um den Zeitpunkt des Transits abzupassen. Bewegungsunschärfen werden verhindert, indem die Belichtungszeit kurz gehalten wird, beispielsweise 1/1000 Sekunde oder noch schneller. Kurz vor Beginn des Transits startet man dann eine Serienaufnahme.

Wenn die Internationale Raumstation die Sonne passiert, kann man tatsächlich ihre Bauteile erkennen.

HALO-ERSCHEINUNGEN

Das Licht der Sonne ruft eine ganze Reihe hübscher Effekte in der Erdatmosphäre hervor, die auch schöne Fotomotive abgeben. Streng genommen sind das keine astronomischen, sondern eher meteorologische Phänomene. Am bekanntesten ist wohl der Regenbogen, der immer genau gegenüber der Sonne auftaucht, wenn man Glück hat sogar als Doppelbogen. Gegenüber der Sonne sind auch Nebelbögen und „Brockengespenster“ zu sehen. Bei hoch schwebenden Zirruswolken und bei Nebel in Verbindung mit strenger Kälte können Halo-Erscheinungen in einer großen Formenvielfalt auftreten. Ein Ring mit 22 Grad Radius um die Sonne herum ist die häufigste Halo-Erscheinung. Der Ring kann, ähnlich wie ein Regenbogen, farbig sein. Zuweilen sieht man nur Segmente dieses Rings. Auf einer genau waagrechten Linie können rechts und links in dem Ring helle Verdickungen entstehen, sogenannte Nebensonnen. Im Extremfall leuchten die Nebensonnen fast so hell wie die Sonne selbst. Auch sie können die Farben des Regenbogens annehmen und treten manchmal auch ohne den 22-Grad-Ring in Erscheinung.
Alle Halo-Phänomene gehen zurück auf Eiskristalle, die eine regelmäßige Form haben und durch Winde gleichmäßig im Raum orientiert werden. Dann kommt es zu Reflektion und Refraktion des Sonnenlichts. Für Halos, die in Sonnennähe entstehen, ist es hilfreich, die helle Sonne hinter einem Baumstamm, einem Pfahl oder einer Mauer zu verbergen, um nicht geblendet zu werden. Eine umfassende, deutschsprachige Informationsquelle zu den Halos bietet die Webseite *www.meteoros.de/themen/halos*.
Mit einer spiegellosen Fotokamera oder einem Smartphone können Halos ohne Probleme mit der Automatikfunktion fotografiert werden, auch wenn die Sonne mit im Bild ist. Mit der manuellen Belichtungskorrektur kannst du bei Bedarf dafür sorgen, dass die Fotos heller oder dunkler werden, falls die Automatik nicht das gewünschte Ergebnis liefert. Mit einer Speiegelreflexkamera sollte der Live-View-Modus benutzt werden, um nicht durch den optischen Sucher in die Sonne schauen zu müssen. Wenn kein Stativ benutzt wird, ist die Gefahr gering, dass der Bildsensor der Kameras durch das Sonnenlicht Schaden nimmt. Dann nämlich trifft das Sonnenlicht schon wegen der Kamerabewegungen nicht immer auf ein- und denselben Fleck auf dem Bildsensor.

SONNENFOTOGRAFIE: FEHLERQUELLEN

1. Gefährdung des Augenlichts und/oder der Ausrüstung

Selbst langjährigen Sonnenbeobachtern können Flüchtigkeitsfehler unterlaufen, die zu irreversiblen Schäden der Augen und/oder der Ausrüstung führen.
Abhilfe: Um kein Risiko einzugehen, möchte ich nochmals an die Einhaltung aller auf Seite 123 genannten Sicherheitsvorkehrungen appellieren. Bei geringsten Zweifeln empfehle ich, im anerkannten Astronomie-Fachhandel Beratung zu suchen. Auch örtliche Astronomie-Vereinigungen oder eine im Bereich der Sonnenbeobachtung erfahrene Person können helfen. Der Fotofachhandel ist mit Fragen zur Sonnenbeobachtung überfordert.

2. Sonne oder Teile davon überbelichtet

Abhilfe: Belichtungsprogramm „M“ (Manuell) und Belichtungszeit, Blende und ISO-Wert eigenverantwortlich einstellen, so dass Überbelichtungen verhindert werden. Dabei nicht auf die Displaywiedergabe der gemachten Fotos vertrauen, sondern das Histogramm als Bewertungsgrundlage heranziehen (siehe Seite 30).

3. Fokus nicht getroffen, dadurch unscharfe Abbildung

Abhilfe: Zunächst kannst Du es trotz eingesetzter Filtertechnik mit dem Autofokus versuchen. Das aktive AF-Messfeld dabei am Sonnenrand oder über einer großen Sonnenfleckengruppe platzieren (manuelle Wahl des AF-Messfeldes). Klappt es mit dem Autofokus nicht, verwendest du einfach den manuellen Fokus (MF), um bei starker Suchervergrößerung die Scharfeinstellung selbst vorzunehmen.

4. Unschärfe durch Luftunruhe.

Wie beim Mond (siehe Seite 113) kann auch bei Sonnenfotos die Abbildung feiner Details durch Luftturbulenzen leiden. Am besten macht man viele Aufnahmen und sucht danach das schärfste Einzelfoto aus. Ein hoher Stand der Sonne am Himmel hilft. Die Kamera sollte zudem immer im Freien aufgestellt werden (nicht aus einem geöffneten Fenster heraus fotografieren.)

5. Totalität mit Sonnenfilter fotografiert.

Wie auf Seite 134 beschrieben, darf das Sonnenschutzfilter während der totalen Phase einer totalen Sonnenfinsternis nicht benutzt werden. Vergisst man, es im entscheidenden Moment abzunehmen, entstehen ausnahmslos schwarze, hoffnungslos unterbelichtete Fotos! Das ist „im Eifer des Gefechts“ sogar Profis schon passiert, daher weise ich noch einmal darauf hin.

Ähnlich wie beim Mond können auch um die Sonne kreisförmige Halos auftreten. Für Fotos „versteckt“ man die Sonne am besten hinter einem Vordergrundobjekt.

Sonnenfinsternisse

Sonnenfinsternisse sind seltene Ereignisse, die man auf jeden Fall mit einem guten Bild dokumentieren möchte. Wer nicht warten will, kann eine Reise zur nächsten Sonnenfinsternis unternehmen.

ALLES AUFGEREIHT

Bei Neumond steht der Mond zwischen Sonne und Erde. Meistens jedoch nicht ganz genau, dann kommt es nicht zu einer Bedeckung. Ist die Linie Sonne, Mond und Erde aber eine perfekte Gerade, bedeckt der Mond die Sonne von der Erde aus gesehen ganz oder teilweise. Dann haben wir es mit einer Sonnenfinsternis zu tun. Der Mond wirft dabei seinen Schatten auf die Erde. Der Schatten ist jedoch nicht so groß, dass der gesamte Erdglobus darin verschwindet, sondern es entsteht lediglich ein „Schattenfleck" auf der Erdoberfläche. Dieser Schattenfleck bewegt sich, weil der Mond weiter auf seiner Bahn um die Erde zieht und auch weil die Erde rotiert. Dadurch entsteht ein vom wandernden Schatten gebildeter Streifen auf der Erdoberfläche. Nur wer sich innerhalb dieses Streifens aufhält, kann eine Sonnenfinsternis sehen. Befindet man sich außerhalb des Streifens, wird die Sonne vom Mond nicht verdeckt. Wann und wo eine Sonnenfinsternis stattfindet, kann man einem astronomischen Jahrbuch wie dem *Kosmos Himmelsjahr* entnehmen.

Möchte man eine bestimmte Finsternis unbedingt sehen und fotografieren, muss man mit aller Wahrscheinlichkeit eine Reise unternehmen, die in den Schattenstreifen der totalen Finsternis führt, der auch Finsternispfad genannt wird. Je nachdem, welche Teile des Mondschattens die Erde wie treffen, werden drei verschiedene Arten von Sonnenfinsternissen unterschieden:

PARTIELLE SONNENFINSTERNIS

Jede Sonnenfinsternis beginnt mit einer partiellen Phase, bei der der Mond einen zunächst kleinen Teil der Sonne abdeckt. Je nach Finsternis und Beobachtungsort schiebt sich der Mond im weiteren Verlauf immer weiter vor die Sonne und bedeckt unterschiedlich große Anteile der Sonne, niemals jedoch die ganze Sonne. Während der kompletten Finsternis muss das Schutzfilter vor dem Objektiv verbleiben, so als würde man die unverfinsterte Sonne fotografieren! Selbst wenn während des Maximums 99 Prozent der Sonne vom Neumond bedeckt werden, darf das Schutzfilter nicht abgenommen werden. Die meisten partiellen Sonnenfinsternisse würde man nicht einmal bemerken, wenn man nicht davon wüsste. Sogar der flüchtige Blick zur Sonne zeigt nur den gewohnt gleißend hellen Fleck am Himmel, ohne dass man die Abdeckung durch den Neumond sähe. Es wird auch nicht spürbar dunkler. Selbst die Belichtungseinstellung unterscheidet sich nicht von Fotos der nicht verfins-

Wenn der Mond die Sonne zum Teil bedeckt, findet eine partielle Sonnenfinsternis statt.

terten Sonne, weil die Flächenhelligkeit der noch sichtbaren Sonnenteile nicht nachlässt. Daher ist die manuelle Einstellung der Belichtung die beste Wahl. Die richtigen Einstellungen lassen sich vor dem Beginn der Finsternis in aller Ruhe ermitteln. Die maximale Dauer einer partiellen Sonnenfinsternis beträgt etwa zwei Stunden. Drei Zeiten sind von Belang, die exakt für den jeweiligen Beobachtungsort berechnet werden können: Beginn („erster Kontakt") und Ende („zweiter Kontakt") der Finsternis sowie deren Mitte, der Zeitpunkt der maximalen Verfinsterung.

RINGFÖRMIGE SONNENFINSTERNIS

Sowohl die Erdbahn um die Sonne als auch die Mondbahn um die Erde sind keine Kreise, sondern Ellipsen. Daher sind die Abstände zur Sonne und zum Mond kleinen, aber spürbaren Schwankungen unterworfen. Befindet sich der Mond beispielsweise an einem erdfernen Punkt seiner Bahn während der Neumondstellung, ist er zu klein, um die Sonne vollständig abzudecken. Zieht er trotzdem zentral vor die Sonne, ereignet sich eine ringförmige Sonnenfinsternis. Ringförmig bedeutet, dass es in der Mitte der Finsternis eine Phase von maximal einigen Minuten Dauer gibt, während der von der Sonne nur noch ein schmaler Ring am Himmel steht. Dabei sind fünf Zeitpunkte relevant: Beginn der (partiellen) Phase („erster Kon-

Bei einer ringförmigen Finsternis ist der Mond zu klein, um die Sonnenscheibe komplett abzudecken.

Totale Sonnenfinsternis in voller Schönheit: rund um die Sonne dehnt sich die zarte Korona aus, am Sonnenrand sind die rötlichen Protuberanzen zu sehen.

takt"), erste Ablösung des Mondes vom Innenrand der Sonne, also Beginn der ringförmigen Phase („zweiter Kontakt"), Mitte der Finsternis, Berührung des inneren Sonnenrandes durch den Neumond, also das Ende der ringförmigen Phase („dritter Kontakt") und Ende der (partiellen) Phase, also das Ende der Finsternis („vierter Kontakt"). Für die Beobachtung und Fotografie gelten exakt die gleichen Empfehlungen wie für die partielle Sonnenfinsternis. Tatsächlich erzeugt auch eine ringförmige Sonnenfinsternis keine spürbare Dunkelheit, würde ohne Hintergrundwissen meistens unbemerkt bleiben und das Schutzfilter vor dem Objektiv muss während der gesamten Finsternis verwendet werden. Der Finsternispfad enthält einen zentralen Korridor, von dem aus die Finsternis als ringförmige Finsternis zu sehen ist. Außerhalb dieses Korridors erlebt man nur eine partielle Sonnenfinsternis.

TOTALE SONNENFINSTERNIS

Die Beobachtung einer totalen Sonnenfinsternis gehört für viele Menschen zu einem höchst eindrucksvollen, emotionalen Erlebnis. Eine totale Sonnenfinsternis entsteht, wenn der Neumond die Sonne vollständig verdeckt. Dann wird es für maximal 7,5 Minuten so dunkel wie in einer Vollmondnacht. Helle Sterne und Planeten werden am Himmel sichtbar, die Temperatur fällt deutlich ab, Blüten schließen sich und Vögel suchen ihr Nachtquartier auf. Der Neumond prangt als dunkle Scheibe am Himmel, umgeben von einem herrlichen Strahlenkranz, der Sonnenatmosphäre, die Korona heißt. Nur während einer totalen Sonnenfinsternis ist sie sichtbar. Am Sonnenrand züngeln magentafarbene Flammen, die Protuberanzen. Kurz vor und kurz nach der totalen Phase tritt für Sekunden das Perlschnurphänomen auf, bei der die extrem dünne Sichel der noch sichtbaren Sonne in mehrere Bruchstücke unterteilt ist, weil der Mond keine ideale Kugel ist, sondern an seinem Rand ein Profil aufweist, das durch Berge und Täler auf dem Mond gebildet wird. Blinzelt ein letzter oder der erste Sonnenstrahl vor beziehungsweise nach der Totalität durch eines dieser Mondtäler, wird das „Diamantringeffekt" genannt. Belichtet man reichlich, können während der totalen Finsternis sogar Oberflächendetails auf dem Mond sichtbar gemacht werden, denn auf dem Mond herrscht zu dieser Zeit „Vollerde". Vom Mond aus betrachtet würde eine große, helle Erde am Himmel stehen, auf der ein kleiner dunkler Fleck zu sehen ist, der Mondschatten!

Das Ziel ist die Korona

Jede totale Sonnenfinsternis beginnt und endet mit einer partiellen Phase. Währenddessen unterscheidet sie sich nicht von einer partiellen Sonnenfinsternis. Folglich gelten auch die gleichen Regeln beim Fotografieren. Während dieser partiellen Phasen muss das Sonnenschutzfilter unbedingt vor dem Objektiv montiert sein! Erst, wenn es dunkel wird und der letzte Sonnenstrahl am Mondrand zu sehen ist, darf und muss das Filter blitzschnell entfernt werden. Während der Totalität solltest du möglichst viele Bilder aufnehmen, die sich hinsichtlich der Belichtung unterscheiden. Der innere Bereich der Korona ist nämlich ziemlich hell, der äußere hingegen ziemlich lichtschwach. Kameras mit einem extrem hohen Dynamikbereich können diese Unterschiede vielleicht noch meistern, aber darauf würde ich mich nicht verlassen. Eine Aufnahmeserie mit unterschiedlichen Belichtungen ist eine gute Lösung. Um die Korona komplett aufs Foto zu bekommen, darf die Brennweite nicht zu lang sein. Bezogen auf eine Vollformatkamera, sollte man 500 oder 600 Millimeter Brennweite nicht überschreiten.

Vorbereitung ist wichtig

Die wenigen Sekunden oder Minuten der Totalität vergehen wie im Flug. Zeit für fotografische Experimente bleibt keine, wenn sie nicht vorher geplant und einstudiert wurden. Das Ende der Totalität wird eingeläutet, wenn der erste Sonnenstrahl am Mondrand auftaucht. Dann muss sofort das Sonnenschutzfilter wieder aufgesetzt werden. Vier Kontaktzeiten können für einen Standort errechnet werden: Der erste Kontakt (Mond wird als winzige Einbuchtung vor der Sonne sichtbar), zweiter Kontakt (Beginn der Totalität), dritter Kontakt (Ende der Totalität) und vierter Kontakt (Mond ist nicht mehr vor der Sonne sichtbar, Ende der Finsternis).

Sehr wichtig für die Beobachtung einer totalen Sonnenfinsternis ist die Wahl des Beobachtungsstandorts. Er muss unbedingt innerhalb des sogenannten „Totalitätspfads" liegen, also jenem Streifen, der vom Kernschatten des Mondes erzeugt wird. Wer auf eine lange Totalität Wert legt, sollte sich in die Mitte des Totalitätspfads begeben, auf die sogenannte Zentrallinie. Die Breite des Totalitätspfades schwankt, beträgt aber selbst im besten Fall nur rund 270 Kilometer. Da die Erde eine Kugel ist, schwankt auch die Dauer der Totalität entlang des Totalitätspfades. In Längsrichtung des Pfads gibt es einen Punkt, der als „Ort der maximalen Finsternis" bezeichnet wird. Dort verdunkelt sich die Sonne maximal lange.

Blinzelt der letzte Sonnenstrahl zu Beginn der Totalität oder der erste am Ende der Totalität durch ein Mondtal, entsteht der Diamantringeffekt.

In Nachtaufnahmen steckt mehr drin, als das Bild direkt aus der Kamera zeigt.

Auf unrealistische Bildmontagen sollte man besser verzichten.

Wozu Bildbearbeitung?

Keine Digitalkamera liefert nach dem Auslösen das bestmögliche Resultat. Durch die Anwendung von Bildbearbeitungsmethoden lässt sich jedes aufgenommene Foto verbessern. Dieses Kapitel beschreibt den Weg vom „Rohbild" zum optimalen Ergebnis.

Die Bildbearbeitung darf aber nicht als Werkzeug betrachtet werden, um aus schlechten Aufnahmen gute Fotos zu machen. Das wird, wenn überhaupt, nur in wenigen Ausnahmefällen gelingen. Sie dient vielmehr dazu, die im Bild enthaltenen Daten freizulegen und sie dann in einer wunschgemäßen Art und Weise zu präsentieren. Ebenso sollte die Bildbearbeitung kein Anlass dazu sein, bei der Wahl der Aufnahmeparameter weniger sorgfältig vorzugehen in dem Glauben, man könne alle Aufnahmefehler im Nachhinein im Rahmen der Bildbearbeitung ausbügeln. Trotz der Bildbearbeitung ist und bleibt es wichtig, schon vor dem Drücken des Auslösers die bestmöglichen Kameraeinstellungen zu finden. Zu den Methoden der Bildbearbeitung zählen Veränderungen der Bildhelligkeit, des Kontrastes, der Farbbalance, der Farbsättigung und der Gradation. Vor allem dann, wenn sie das ganze Foto und nicht nur Teilbereiche davon betreffen. Auch Retuschen von Artefakten, etwa Sensor-Schmutzflecken, sowie Filter zur Reduktion des Bildrauschens oder zur Steigerung des Schärfeeindrucks gehören dazu, wenn sie mit Bedacht und Augenmaß eingesetzt werden.

KEINE FOTOMONTAGEN

Bei der Bildbearbeitung beschränke ich mich auf das Optimieren der Originalaufnahme. Nicht dazu zählen zum Beispiel das Austauschen der Landschaft unter dem Sternenhimmel gegen eine andere oder den Mond in ein anderes Landschaftsfoto einzufügen. Der künstlerischen Freiheit sind bekanntlich keine Grenzen gesetzt, doch wer solche Fotomontagen erstellt, verlässt den Bereich der Astrofotografie und sollte das dann auch klar kommunizieren.

Nicht vergessen: Aufnahmen immer im RAW-Format speichern!

Die Basics der Bildbearbeitung

Um Bilder zu bearbeiten, benötigt man eine geeignete Software und einen entsprechenden Computer. Besonders für Astrofotos ist die richtige Einstellung des Monitors hinsichtlich Helligkeit und Kontrast wichtig.

Wer mit Bildbearbeitungen noch unerfahren ist, gibt sich oft vorschnell mit den unbearbeiteten Fotos zufrieden. Ohne zu ahnen, welches Potenzial in ihnen schlummert, das nur darauf wartet, entdeckt zu werden.

WELCHE SOFTWARE?

Ambitionierte Astrofotografen setzen unterschiedliche, speziell für die Astrofotografie entwickelte Programme ein. Dazu zählen *PixInsight, Deep Sky Stacker, AstroArt* oder *Astro Pixel Processor*, um einige typische zu nennen. Für unsere Ziele genügt aber eine klassische Bildbearbeitungssoftware.
Am bekanntesten sind sicher *Adobe Photoshop* oder *Adobe Lightroom*. Für diese Produkte muss man allerdings eine monatliche, nicht gerade geringe Miete entrichten. Völlig kostenfreie Bildbearbeitungsprogramme wie *Gimp* sind erstaunlich leistungsfähig, leiden aber unter anderen Problemen, etwa bei der Stabilität im Betrieb.
In manchen Fällen kommst du vielleicht sogar mit dem Bearbeitungsprogramm, das der Hersteller deiner Kamera kostenfrei anbietet, einen guten Schritt voran. Nicht zu empfehlen ist aus meiner Sicht der Parallelbetrieb mehrerer Bildbearbeitungsprogramme, da sie sich doch zum Teil grundlegend in ihrer Bedienung und Philosophie voneinander unterscheiden. Es ist besser, ein einziges Produkt zu beherrschen, als zwei verschiedene Produkte nur halb zu kennen.
Für diesen Ratgeber verwende ich aus den folgenden Gründen die Software *Affinity Photo 2*:

- kostenlose Testversion erhältlich
- Versionen für Windows, macOS und das iPad verfügbar
- Produkt wird zügig und aktiv weiterentwickelt
- Kann für unter 100 Euro einmalig lizensiert werden
- RAW-Konverter integriert
- Spezielle Befehle für Astroaufnahmen enthalten

Die folgenden Abbildungen, Screenshots, Dialogfelder und genannten Befehlsfolgen beziehen sich daher auf *Affinity Photo 2*. Wenn du ein anderes Bearbeitungsprogramm verwendest, werden sich die Befehlsfolgen und -namen sowie die Gestaltung und die Bedienung der Dialogfelder davon unterscheiden. Es sollte aber gelingen, alle entsprechenden Bearbeitungsschritte mit jedem anderen Bildbearbeitungsprogramm nachzuvollziehen. Die Entscheidung für *Affinity Photo 2* stellt in diesem Kontext jedoch keine Kaufempfehlung dar.

Keinesfalls ersetzt dieser Ratgeber ein Lehrbuch zu *Affinity Photo 2* oder einer anderen Bildbearbeitungssoftware. Hier wird nur punktuell auf die Anwendung spezieller Funktionen hingewiesen, während das allgemeine Handling der Bedieneroberfläche als bekannt vorausgesetzt wird.

KONZEPTE STATT REZEPTE

Oft wird der nachvollziehbare Wunsch geäußert, konkrete „Kochrezepte" hinsichtlich empfehlenswerter Bildbearbeitungsmethoden zu erfahren. Darunter zu verstehen wäre die blinde Anwendung von Befehlen und Einstellungen, ohne deren Bedeutung und Wirkungsweise genau zu kennen. Solche Rezepte würden jedoch an der nicht homogenen Beschaffenheit der Rohbilder aus den Kameras scheitern. So unterschiedlich wie die aufgenommenen Motive, die

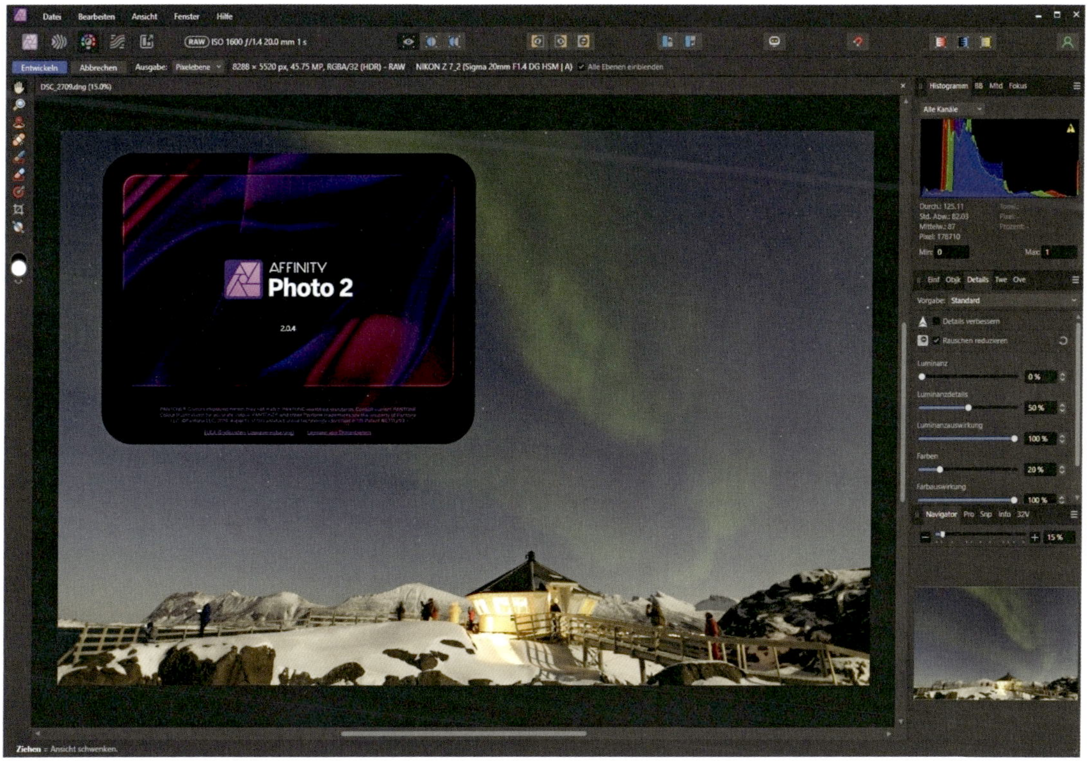

Affinity Photo 2 ist eine preiswerte, dennoch mächtige Software zur Bildbearbeitung.

Monitor justieren	Damit die bearbeiteten Fotos auch auf anderen Endgeräten gut ausschauen, sollten der eigene Monitor und die verwendete Grafikarte hinsichtlich Helligkeit, Farbbalance, Kontrast und Gamma möglichst gut aufeinander abgestimmt sein. Eine Testroutine dafür ist beispielsweise im Betriebssystem Windows enthalten.
Zielgerichtet vorgehen	Nicht wahllos herumklicken in der Hoffnung, irgendwas müsse ja helfen. Vielmehr erst in Worten beschreiben, was mit dem Bild passieren soll, dann nach den dazu nötigen Bearbeitungsschritten Ausschau halten.
Extremstellung zum Testen	Möchtest du einen Regler verändern, ist es ratsam, diesen zunächst in extreme Positionen zu bewegen, um sicherzugehen, dass eine Veränderung sich überhaupt auf das Bild auswirkt. Erst danach suchst du die Optimalstellung.
Halb ist oft doppelt so gut	Im Eifer des Gefechts schießt man in seiner Begeisterung nicht selten über das Ziel hinaus. Ich habe mir angewöhnt, nach Bearbeitungsschritten mit deutlichem „Wow-Effekt“ den Schritt nur mit halber Intensität anzuwenden.
Schlusspunkt setzen	Bildbearbeitung hat kein natürliches Ende. Es ist an dir, das Ende zu definieren und zu sagen: „Ab jetzt wird es nicht mehr besser, allenfalls anders“.
Verlustfrei speichern	Im Ergebnis einer RAW-Entwicklung und anschließenden Weiterbearbeitung steckt mitunter viel Arbeit. Es sollte daher in einem verlustfreien Format gespeichert werden, also zum Beispiel im Format TIF, PSD, PNG oder AFPHOTO.

gewählten Kameraeinstellungen, die Technik der eingesetzten Kameras und die Vorstellungen vom Endergebnis gestalten sich auch die vorzunehmenden Schritte der Bearbeitung. Die beste und einzig empfehlenswerte Strategie ist daher, denn Sinn und Zweck ausgewählter Bildbearbeitungsmethoden zu erfassen, um sie dann nach Bedarf, mit Bedacht und in der erforderlichen Dosis auf das eigene Bildmaterial anzuwenden. Nur dann lassen sich die empfohlenen Bearbeitungsschritte auch auf andere Bearbeitungsprogramme übertragen. Wer sich sture Befehlsfolgen einprägt, scheitert spätestens beim Wechsel auf ein anderes Bearbeitungsprogramm, weil die dazu nötigen Befehle mit hoher Wahrscheinlichkeit dann völlig anders lauten.

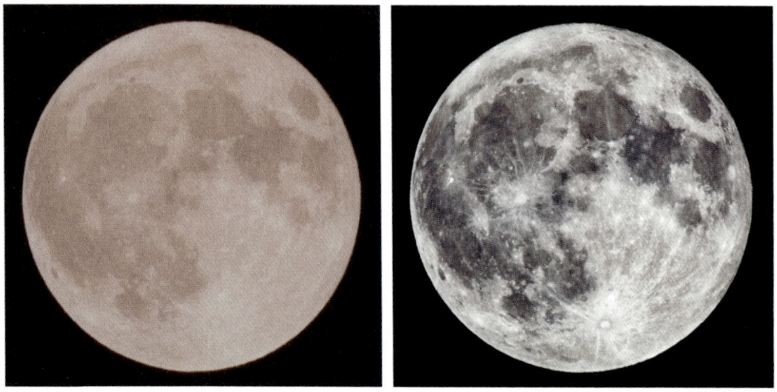

Vollmond unbearbeitet (links) und bearbeitet (rechts). Die Bearbeitungsschritte bestanden lediglich aus Anpassungen der Farbbalance und des Kontrastes. Den gesteigerten Kontrast hätte man durch Kameraeinstellungen nicht erreichen können.

Das RAW-Bild entwickeln

Um aus einer Datei im RAW-Format ein Foto zu machen, muss die RAW-Datei „entwickelt“ werden. Dazu benötigst du eine Software, die sich „RAW-Konverter“ nennt. Zu allen Kameras liefert der Kamerahersteller einen kostenlos verwendbaren RAW-Konverter mit.

Meist muss der RAW-Konverter in der jeweils aktuellen Version von der Hersteller-Webseite heruntergeladen und installiert werden. Unter iOS und Android kann die kostenlos nutzbare App *Snapseed* die Rolle eines RAW-Konverters übernehmen. Für Windows, macOS und Linux beinhaltet das kostenlose Bildbearbeitungsprogramm *Gimp* einen RAW-Konverter. Ebenfalls *Affinity Photo 2* und natürlich *Adobe Photoshop*. Je nach Kamerahersteller unterscheidet sich das RAW-Format und damit die Bezeichnung der Datei. Bei Canon enden RAW-Aufnahmen zum Beispiel auf .CR2 oder .CR3, bei Nikon auf .NEF oder bei Sony auf .ARW. Als universelles RAW-Format wurde von Adobe das .DNG („Digital Negative“) entwickelt. Alle mir bekannten Android-Smartphones speichern im DNG-Format, wenn sie das RAW-Format beherrschen.

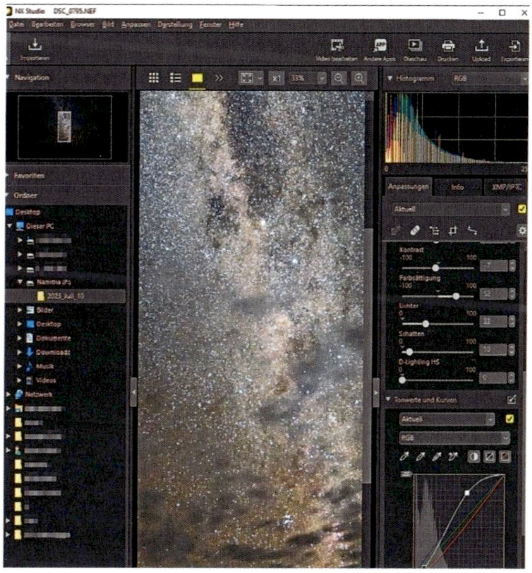

In dem kostenlosen Bildbearbeitungsprogramm *NX Studio* von Nikon ist auch der RAW-Konverter integriert.

FARBTIEFE

Im Wesentlichen besteht eine RAW-Datei aus einer großen Anzahl von Zahlen, wobei jede Zahl die nach der Belichtung gemessene Helligkeit für ein bestimmtes Pixel auf dem Bildsensor repräsentiert. Eine Kamera mit 36 Megapixeln speichert demnach 36 Millionen Zahlen in die RAW-Datei. Die darstellbaren Helligkeitsunterschiede sind dabei bedeutend größer als das, was das JPG-Format leisten kann. Fotos im JPG-Format sind grundsätzlich auf acht Bit „Tiefe" beschränkt, was im EDV-Jargon zwei hoch acht entspricht, also 256. JPG-Fotos enthalten, pro Pixel, maximal 256 verschiedene Rot-, Grün- und Blauabstufungen. Mit diesem Rot-Grün-Blau-Modell (RGB) lassen sich gerundet 16,8 Millionen verschiedene Farben darstellen. Das ist mehr als genug für alle Drucker, alle Bildschirme und alle Augen dieser Welt. Aber es reicht eben nicht aus für die Methoden der Bildbearbeitung! Fotos im RAW-Format verfügen über eine viel größere „Farbtiefe", also eine feinere Abstufung von Helligkeiten. Die meisten aktuellen Kameras können 14 Bit unterscheiden, das sind 16.384 verschiedene Helligkeiten pro Pixel. Manche Modelle sogar 16 Bit, das sind 65.536 Abstufungen. Im Gegensatz zu einem JPG liefert das RAW jedoch nur einen einzigen Helligkeitswert pro Pixel, ist also im Grunde ein Schwarzweißbild.

RGB-MATRIX

Um zu verstehen, wie aus den Rohdaten des Sensors ein Farbbild werden kann, müssen wir uns den Aufbau eines klassischen Bildsensors unter dem Mikroskop anschauen. Auf Pixelebene wird dann ein Muster erkennbar, das Bayer-Matrix genannt wird. Vor jedem Pixel des Sensors sitzt ein winziger Farbfilter, entweder in der Farbe Grün, Rot oder Blau. Greift man vier Pixel heraus, haben zwei davon einen Grünfilter, einer einen Rot- und der vierte einen Blaufilter.
Jedes dieser Pixel misst nur das Licht in der jeweiligen Filterfarbe. Ein Pixel mit einem Grünfilter beispielsweise liefert nach der Belichtung einen Helligkeitswert für die Farbe Grün an der Position des Pixels, jedoch keinen für Rot und Blau. Um für das gleiche Pixel auch einen Wert für Rot und Grün angeben zu können, muss die RAW-Konver-

Dämmerungsaufnahmen im Vergleich nach einer Bildbearbeitung, die aus einer Aufhellung und einer Kontraststeigerung bestand. Das JPG-Foto links hat die Bearbeitung nicht „vertragen" und weist unschöne Zonen mit abrupten Farbwechseln auf, weil die Anzahl der bei JPGs darstellbaren Farben eng begrenzt ist.

ter-Software diese aus den Pixeln in der unmittelbaren Umgebung schätzen. „Farbinterpolation" wird dieser Vorgang genannt und ist einer der zentralen, komplexen Aufgaben des RAW-Konverters. Die ohnehin schon speicherplatzintensiven RAW-Dateien werden durch dieses Verfahren um das Dreifache vergrößert. Erst nach der Farbinterpolation kann das Foto im RGB-Verfahren als Farbbild gezeigt werden, mit je einem Wert für Rot, Grün und Blau pro Pixel.

Der Kamerasensor besteht aus roten, grünen und blauen Pixeln. Aus deren Helligkeitswerten wird das Farbbild berechnet.

VOM ROHBILD ZUM FOTO

Im Zuge der Entwicklung einer RAW-Datei geht es zunächst um folgende Themen:

Drehung

Drehung des Bildes um beliebige Winkel, um zum Beispiel einen schrägen Horizont waagerecht auszurichten.

Objektivkorrektur

Beseitigt manche Abbildungsfehler des verwendeten Objektivs, zum Beispiel Vignettierung, Verzeichnung und Farbfehler. Funktioniert mitunter auch vollautomatisch.

Helligkeit

Durch Änderung der Bildhelligkeit wird quasi die Belichtungszeit geändert. Ein zu dunkles Bild kann aufgehellt, ein zu helles abgedunkelt werden.

Kontrast

Der Bildkontrast – das sind die Unterschiede zwischen Hell und Dunkel – lässt sich steigern oder reduzieren.

Farbbalance

Bei Fotos im RAW-Format lässt sich der Weißabgleich, der über die Farbgebung des Bildes entscheidet, im Zuge der RAW-Entwicklung frei einstellen. Auch Hilfsmittel zur Wahl einer möglichst neutralen Farbgebung sind vorhanden.

Farbsättigung

Verändert die Darstellung der Farbintensität, oft zum Verstärken der Farben verwendet.

Lichter

Darunter werden die hellsten Bildbereiche verstanden. Sie lassen sich selektiv abschwächen, ohne dass die übrigen Bereiche des Bildes auch dunkler werden.

Schatten, Tiefen

So werden die dunkelsten Bildbereiche genannt. Sie lassen sich selektiv aufhellen, ohne dass die übrigen Bereiche des Bildes auch heller werden. Bei nächtlichen Himmelsaufnahmen mit Sternen können sich weitere Bearbeitungen anschließen:

Gradation

Ähnlich wie bei der Kontrastwahl lasst sich die Verteilung der Helligkeitswerte beeinflussen. Jedoch viel feinfühliger, als es mit dem Kontrastregler der Fall ist.

Schärfe

Durch Kontrastanhebung von Kanten lässt sich der Schärfeeindruck steigern.

Rauschreduktion

Besonders dunkle Bereiche wirken nach dem Aufhellen „körnig". Mit Rauschfiltern können diese Bereiche geglättet werden.

Schritt für Schritt zum perfekten Bild

In diesem Kapitel gehen wir die wichtigsten Aspekte der Bildbearbeitung anhand einer Milchstraßenaufnahme schrittweise durch. Mit diesen Methoden können so gut wie alle Nachtaufnahmen optimiert werden.

Die Landschaftsaufnahme mit Sternenhimmel und Milchstraße wurde mit einer Vollformatkamera und einem 20-mm-Weitwinkelobjektiv erstellt. Die Kamera war dazu auf einem Stativ montiert, die Belichtungszeit betrug acht Sekunden bei Blende 1:1,4 und ISO 2500. Die Bearbeitung beginnt damit, dass das Foto im RAW-Format geöffnet wird. Unbearbeitet sieht das Foto nicht sonderlich gut aus -- es wirkt zu dunkel und hat einen unangenehmen Farbstich.

1. OBJEKTIVKORREKTUR

Die Reihenfolge der Bearbeitungsschritte ist im Allgemeinen nicht vorgeschrieben. Eine Ausnahme ist die Korrektur von Objektiv-Abbildungsschwächen, damit solltest du beginnen. Auffällig ist die starke Abdunklung der Ecken. Wir wechseln daher in das Register „Objektiv". Normalerweise erkennt der RAW-Konverter das verwendete Objektiv und zeigt es bei „Objektivprofil" an. Ist das nicht der Fall, kannst Du in einer Liste nach dem verwendeten Objektiv suchen. Ist es dort nicht zu finden, müssen die nötigen Korrekturen manuell vorgenommen werden. In unserem Beispiel wird das Objektiv erkannt: „Sigma 20 mm f/1.4 DG HSM | Art 015". Die Optionen „Chromatische Aberrationen reduzieren" (Farbfehler) sowie „Objektiv-Vignette entfernen" werden angekreuzt, wobei das Ergebnis zwar eine deutliche Verbesserung ist, aber die Korrekturen wurden so vorsichtig angewendet, dass eine Steigerung wünschenswert erscheint. Dazu gibt es den Schieberegler „Intensität", der nach Augenmaß verstellt wird und im vorliegenden Beispiel bei „190 %" den gewünschten Effekt erzeugt.

2. WEISSABGLEICH

Von der Reihenfolge das Nächste wäre eine eventuell nötige Drehung, um einen schräg ausgerichteten Horizont zu nivellieren. Im konkreten Fall ist das jedoch nicht notwendig. Daher widmen wir uns nun der Farbgebung, also dem Weißabgleich. Er findet sich im Register „Einfach" und bietet zwei Regler, „Temperatur" und „Tönung". Beide können in weiten Grenzen verändert werden, um dem Foto jede denkbare Farbanmutung zu verpassen. Wir suchen eine Einstellung, bei der der Nachthimmel möglichst neutral und ohne Farbstich widergegeben wird.

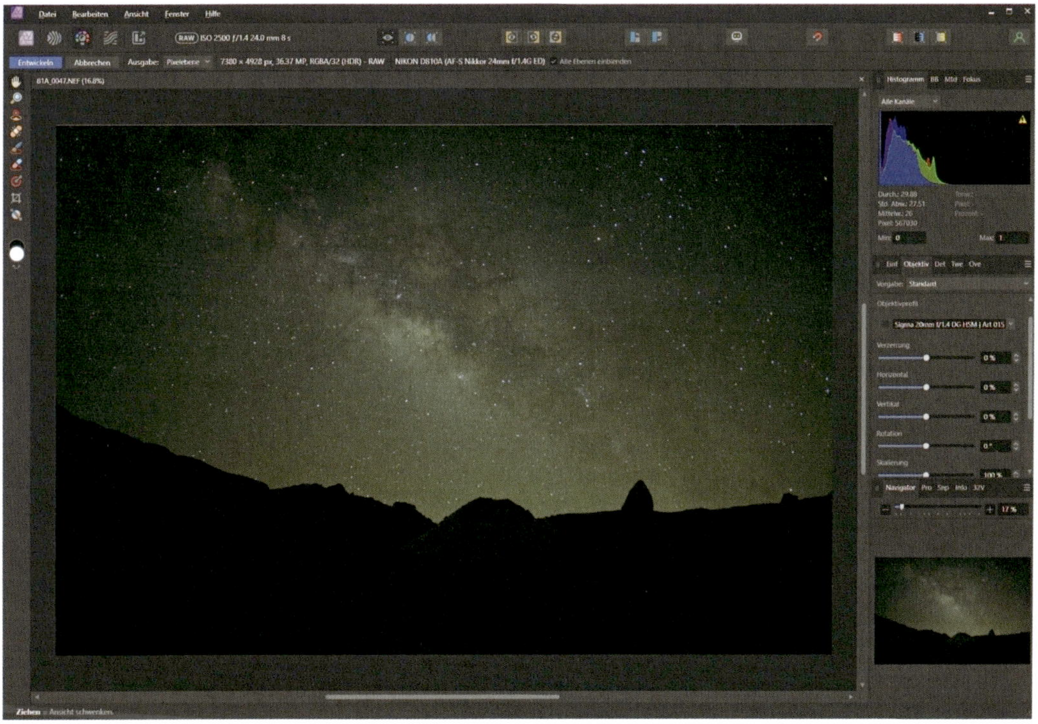

Die Aufnahme nach dem Öffnen im RAW-Konverter von *Affinity Photo*.

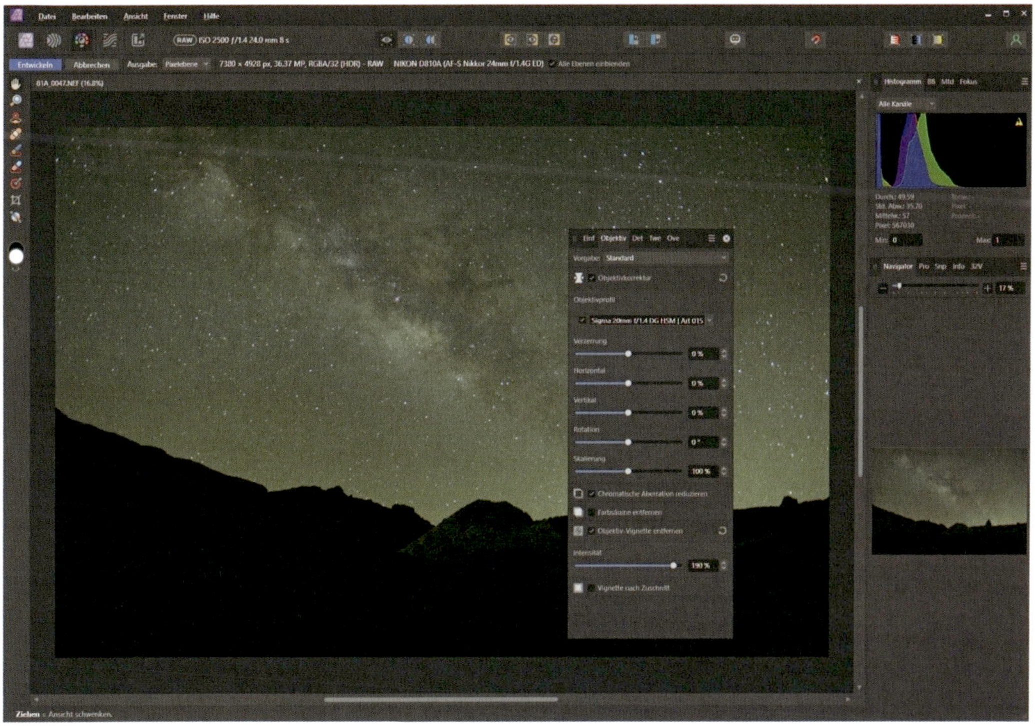

Die Aufnahme nach Anwendung der Objektivkorrekturen.

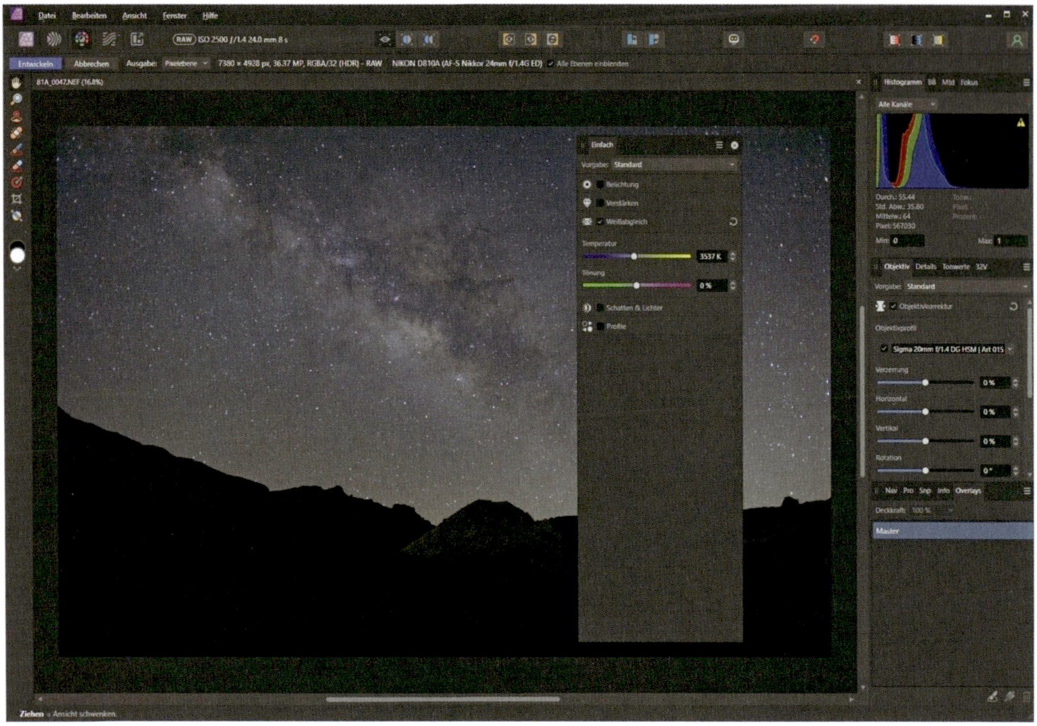

Das Bild nach der Justage des Weißabgleichs.

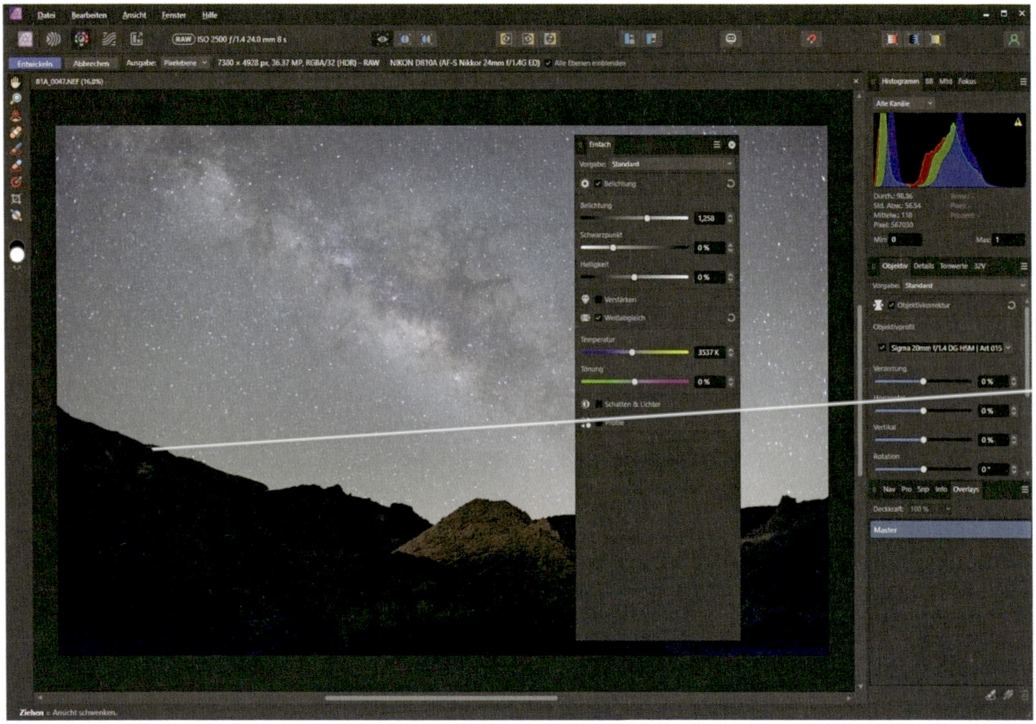

Das Foto nach der Belichtungsanpassung.

3. BELICHTUNG

Ein Blick auf das Histogramm (rechts oben) zeigt, dass das Foto zu dunkel ist. Auf der linken Seite schlägt das Histogramm (siehe Seite 30) an, auf der rechten Seite ist noch Luft. Wir wechseln daher im Register „Einfach" in die Rubrik „Belichtung" und bewegen den Regler „Belichtung" so weit nach rechts, bis sich der Datenberg des Histogramms vom linken Rand löst. Das Foto wird währenddessen sichtlich heller. Wir verlieren dabei jedoch auch den rechten Rand des Histogramms nicht aus den Augen, er darf nicht den rechten Anschlag erreichen, sonst wären manche Bildbereiche von Überbelichtung betroffen. Ein geringfügiges Anschlagen kann bedenkenlos hingenommen werden.

4. SCHATTEN UND LICHTER

Als nächstes widmen wir uns der Rubrik „Schatten & Lichter", gleichfalls im Register „Einfach". Der Regler „Schatten" kann dazu verwendet werden, die dunkelsten Teile des Bildes aufzuhellen, wenn er nach rechts verschoben wird. Dadurch werden mehr Details in der Landschaft sichtbar, man darf es jedoch nicht übertreiben. Mit dem Regler „Lichter" wiederum lassen sich die hellsten Bildbereiche abdunkeln, wenn man ihn nach links zieht. Genau das ist jetzt angebracht, um den geringfügigen Anschlag des Histogramms an der rechten Flanke zu vermeiden.

5. KONTRAST UND SÄTTIGUNG

Wir bleiben im Register „Einfach" und öffnen die Rubrik „Verstärken". Dort nehmen wir weitere wichtige Anpassungen vor und beginnen mit der Option „Kontrast". Er wird behutsam gesteigert, um einerseits den Charakter einer Nachtaufnahme wiederherzustellen, andererseits die zuvor gewonnenen Bildinformationen nicht erneut zu

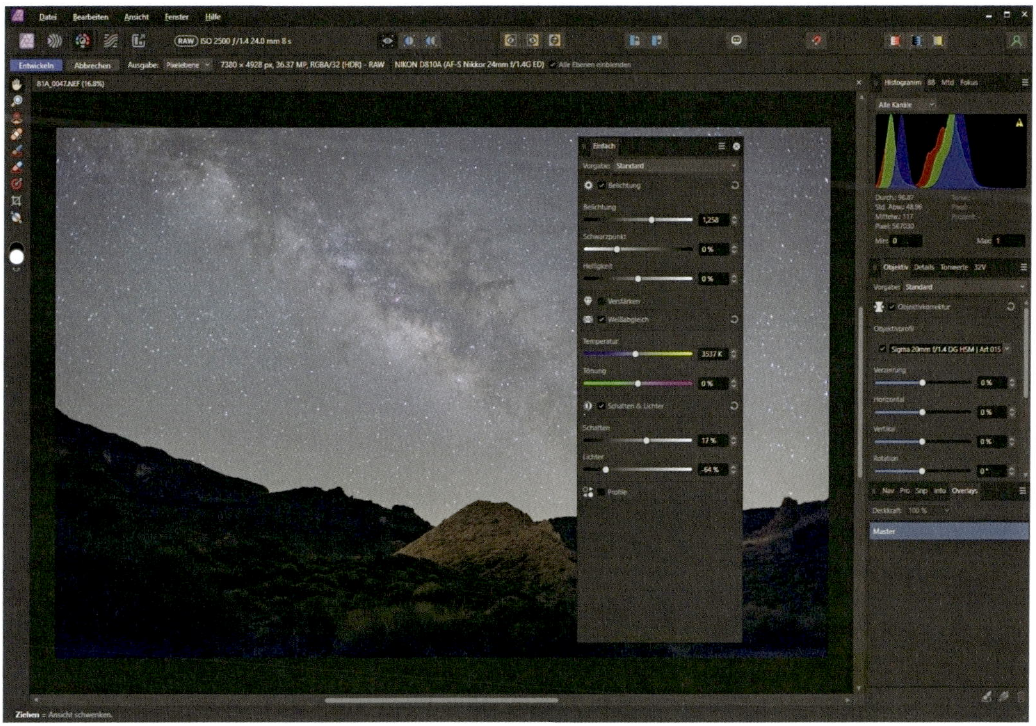

Das Aufhellen der Schatten und Dämpfen der Lichter bewirkt eine Dynamiksteigerung.

Nach dem Anheben des Kontrastes und Erhöhung der Farbsättigung wirkt das Bild brillanter.

verlieren. Auch der Sättigungsregler verträgt eine Verschiebung nach rechts, um die Farbsättigung zu steigern. Zu guter Letzt verlangt der Regler „Klarheit“ nach einer behutsamen Steigerung, die den Mikrokontrast anhebt und die Struktur der Milchstraße betont.

6. GRADATIONSKURVE

Nun kommt das Register „Tonwerte“ an die Reihe. Dort gibt es die Option „Gradationskurven“. Deren Horizontalachse repräsentiert die Bildhelligkeiten, ähnlich wie beim Histogramm: links ist Schwarz und rechts ist Weiß. Auf der Vertikalachse kann man den veränderten Helligkeitswert ablesen. Bevor man etwas ändert, ist die Gradationskurse eine Gerade. Diese Gerade lässt sich mit der Maus jedoch beliebig verbiegen! Mit dem Rundpfeil-Symbol kann man wieder die Ausgangslage herstellen. Wir verbiegen die Kurve jetzt S-förmig, um den Kontrast weiter zu steigern: Der linke Teil der Gradationskurse wird nach unten gezogen, damit werden ohnehin dunkle Bildteile noch dunkler. Der rechte Teil der Kurve wird nach oben gebogen, um die hellen Bildteile aufzuhellen. Der resultierende Effekt ist eine Kontraststeigerung.
Der Erfolg der Gradationskurven-Anpassung ist die gewünschte Kontraststeigerung, als unerwünschter Nebeneffekt wurden die extrem dunklen Bereiche dadurch zu dunkel, die extrem hellen zu hell. Auch für dieses Problem bietet die Gradationskurve eine Lösung! Die äußersten linken und rechten Enden der Kurve werden

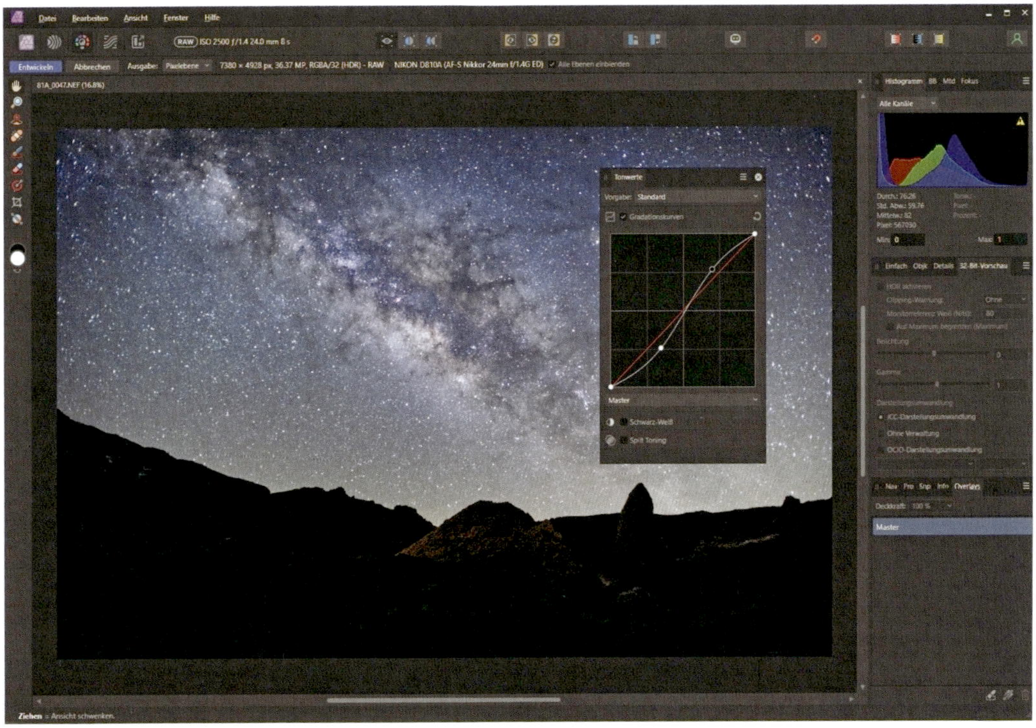

Mit der Gradationskurve kann man selektiv dunkle oder helle Bereiche abdunkeln oder aufhellen.

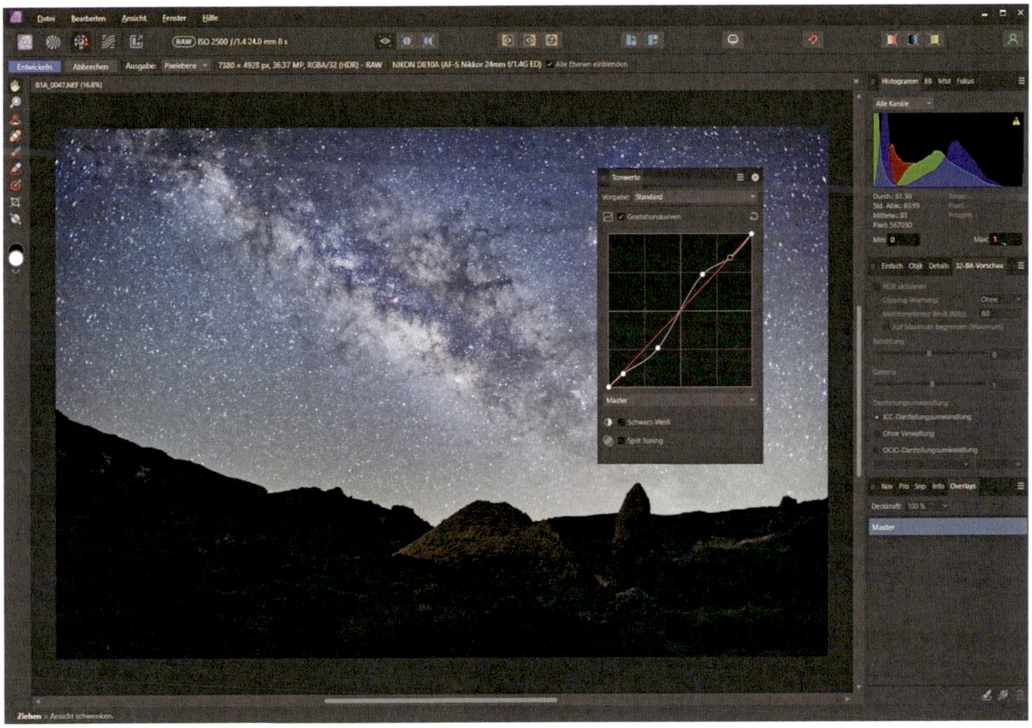

Anpassen der Gradationskurve in den sehr dunklen und sehr hellen Bereichen.

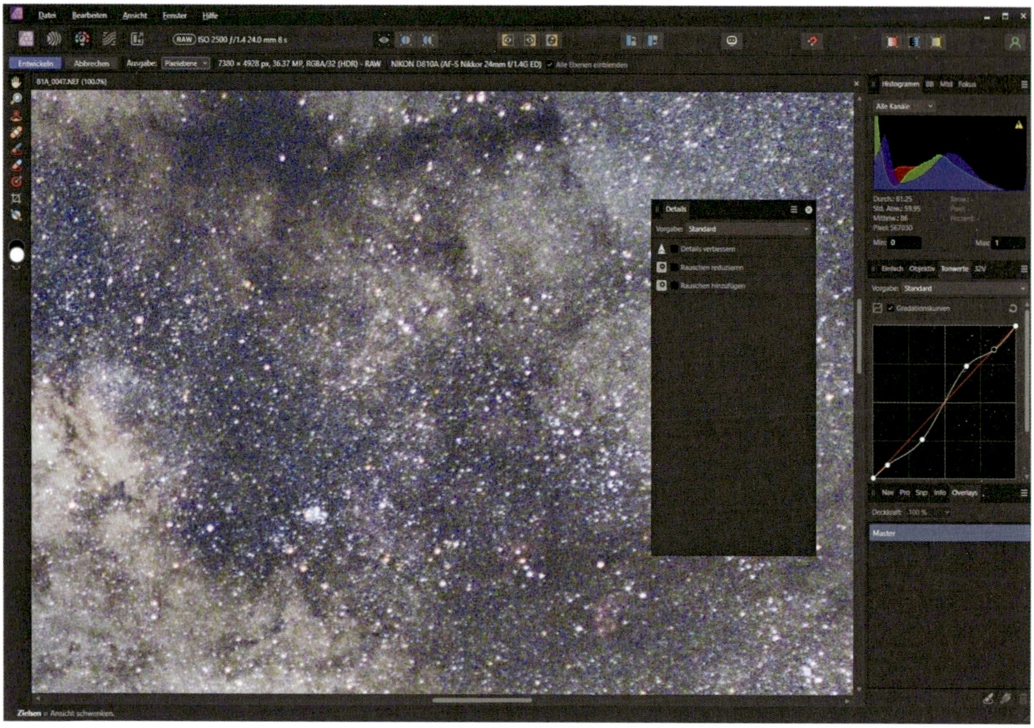

Die Aufnahme in 100%-Darstellung, um das Bildrauschen erkennen zu können.

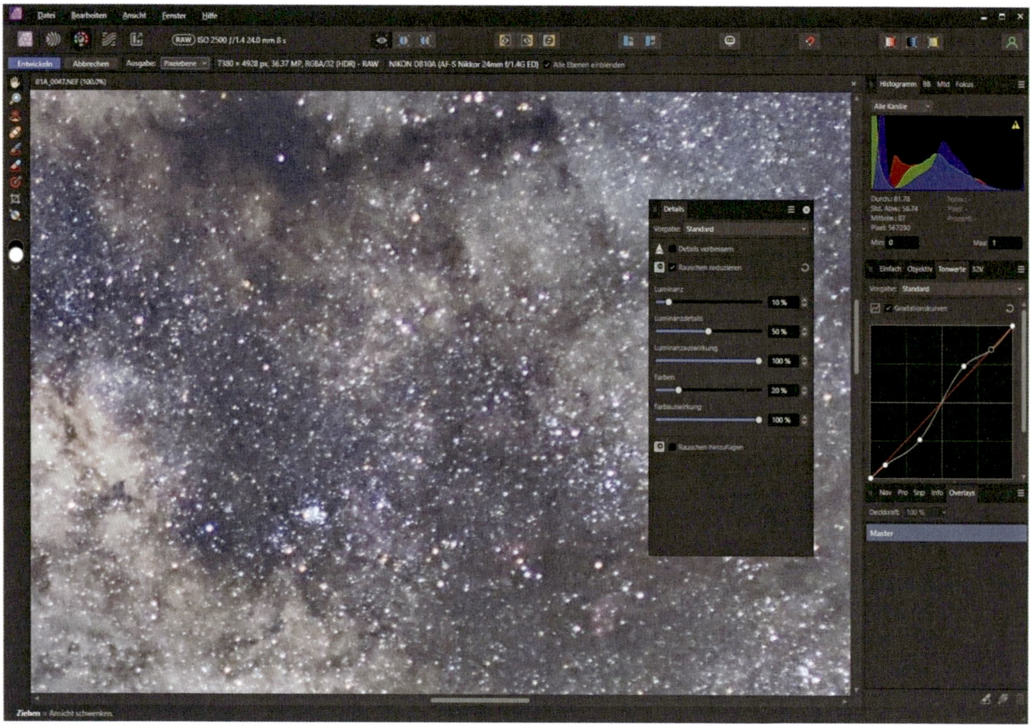

Mit den Funktionen „Rauschen reduzieren“ kann störendes Bildrauschen geglättet werden.

einfach wieder auf den ursprünglichen Verlauf der Gerade zurückgebogen. Möglicherweise entsteht durch die letzten Bearbeitungsschritte erneut die Notwendigkeit, den Weißabgleich nachzujustieren.

7. RAUSCHEN REDUZIEREN

Zum Schluss kümmern wir uns um das Thema Rauschreduktion. Dazu ist es erforderlich, einen Ausschnitt des Bildes in 100 % Größe anzuschauen. 100 % bedeutet in diesem Zusammenhang, dass ein Pixel des Bildes einem Pixel des Monitors entspricht. Dazu wählen wir den Befehl „Ansicht/Zoom/100%“. Mit gedrückter Leertaste und gedrückter Maustaste kann der Bildausschnitt verschoben werden, so dass ein möglichst repräsentativer Bildbereich zu sehen ist.
Nun betrachten wir das Register „Details“. Es geht um die Option „Rauschen reduzieren“, wobei der Regler „Luminanz“ mit größter Behutsamkeit nach rechts bewegt wird. Auf keinen Fall dürfen wir hier über das Ziel hinausschießen, sonst wirkt das Foto wie ein Aquarell. Mit Augenmaß angewendet, kann das Bildrauschen jedoch wirksam bekämpft werden.

8. ENTWICKELN UND SPEICHERN

Nun könnte der Punkt erreicht sein, an dem die Möglichkeiten des RAW-Konverters in ausreichendem Maße Anwendung gefunden haben und die Schaltfläche „Entwickeln“ angeklickt wird. Nach getaner Arbeit wird der RAW-Konverter geschlossen und das Bild erscheint nun als „normale“ Bilddatei im Bearbeitungsprogramm.
Anschließend wird das bearbeitete Foto in einem verlustfreien Format abgespeichert. Dazu verwenden wir den Befehl „Datei/Speichern unter...“ und

Das fertig bearbeitete Foto speichert man in einem verlustfreien Format ab.

Vergleichen Sie das Ergebnis mit dem unbearbeiteten Bild auf Seite 147 – dazwischen liegen Welten!

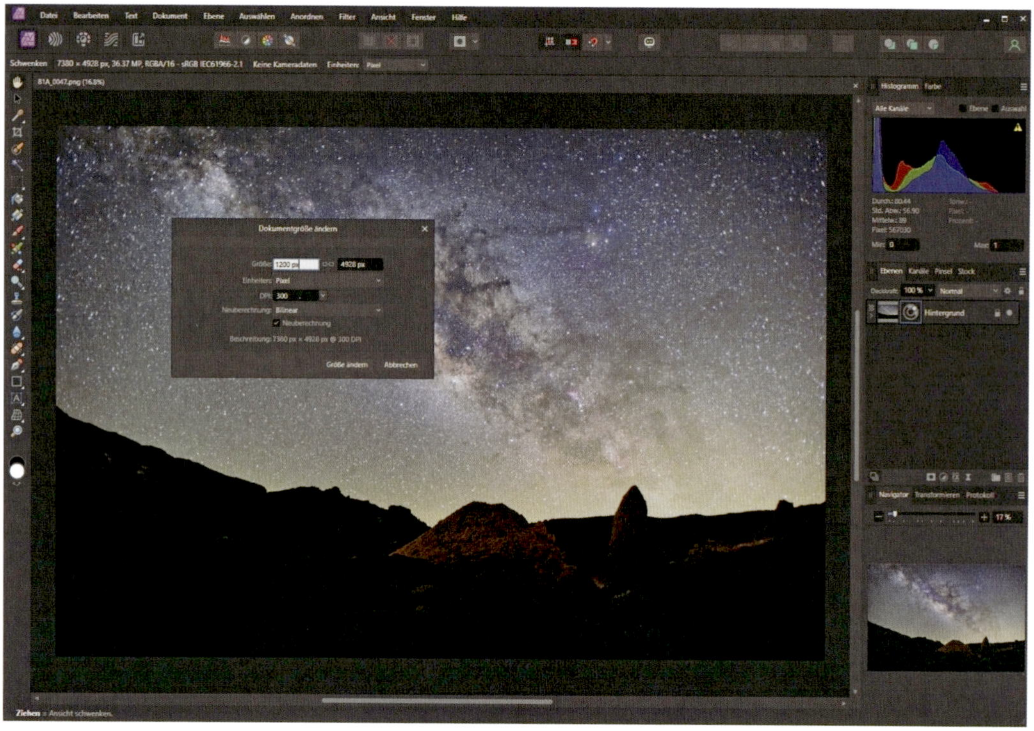

Änderung der Bildgröße auf 1200 Pixel Breite

wählen das „.afphoto“-Format. Soll das Foto auch in anderen Programmen einlesbar sein, ist der Befehl „Datei/Exportieren...“ die bessere Wahl. Damit sind andere geeignete Dateiformate wie „.TIF“ oder „.PNG“ wählbar.

9. DAS BILD VERÖFFENTLICHEN

Diese verlustfrei abgespeicherte Bilddatei eignet sich, um bei Bedarf weiterbearbeitet zu werden. Die zurückliegenden Bearbeitungsschritte sind darin jedoch nicht gespeichert. Wegen des verlustfreien Formats, der Speicherung mit großer Farbtiefe (16 Bit) und der vollen Bildauflösung ist die gespeicherte Datei allerdings gewaltig groß. Sie eignet sich nicht, um als Anhang mit einer E-Mail versendet, in eine private Homepage eingestellt oder in den sozialen Medien gepostet zu werden. Dazu ist eine Verkleinerung und die Abspeicherung im JPG-Format das Gebot der Stunde. Dazu dient der Befehl „Dokument/Dokumentengröße ändern...“. Bei „Größe“ trägt man im linken Feld (Breite) zum Beispiel „1200 px“ ein, um eine handliche Dateigröße mit 1200 Pixeln Bildbreite zu erhalten.

Abschließend gilt es, das verkleinerte Foto im universell nutzbaren JPG-Format abzuspeichern. Wir wählen erneut den Befehl „Datei/Exportieren...“ und entscheiden uns dieses Mal für das „JPEG“-Format. Ein Schieberegler, der zwischen Null und 100 einstellbar ist, erlaubt die Gewichtung zwischen Kompression, also Dateigröße und Qualität. Je größer die Kompression, desto kleiner ist die Qualität. Für Darstellungen im Internet und in sozialen Medien ist der Wert 60 geeignet, für Ausdrucke der Wert 85. Im Dialogfeld wird sogar eine Schätzung der entstehenden Dateigröße angezeigt, im hier aufgezeigten Fall sind es nur noch 125,8 Kilobyte.

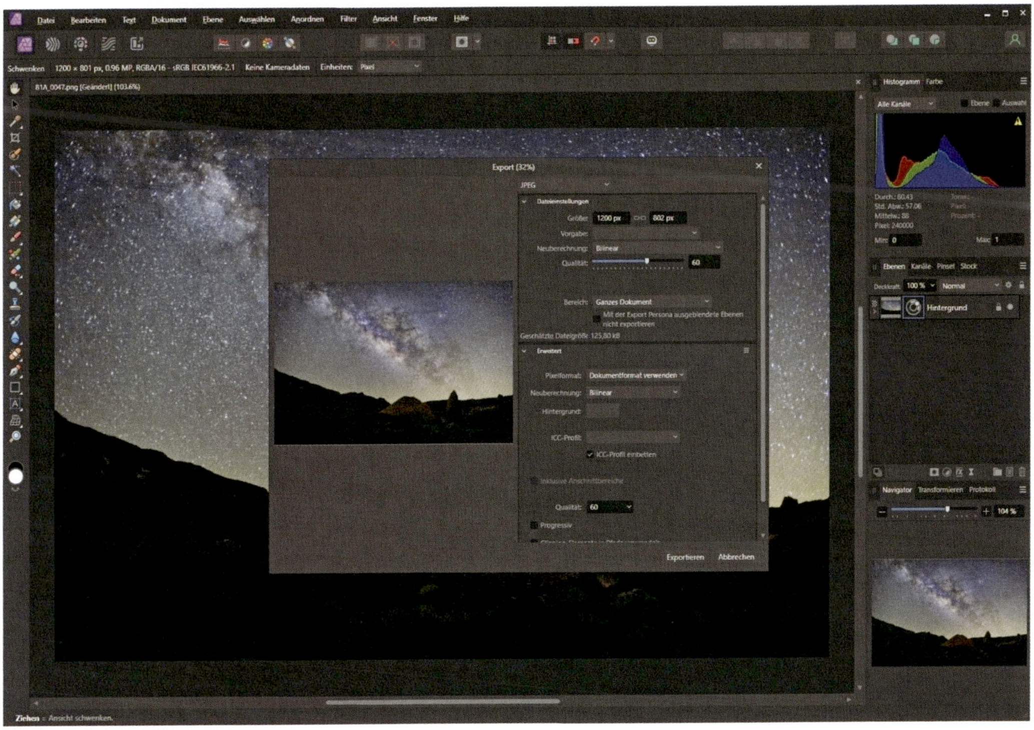

Exportieren des Bildes im JPG-Format bei mittlerer Qualität.

Geräte, Programme und Apps

KAMERA-HERSTELLER

Canon – *www.canon.de*
Fujifilm – *fujifilm-x.com/de-de/*
Leica – *leica-camera.com/de-DE*
Nikon – *www.nikon.de*
Olympus/OM System – *explore.omsystem.com/de/de/omd*
Pentax – *pentax.eu/de/*
Panasonic – *www.panasonic.com/de/*
Sony – *www.sony.de*

FREMDOBJEKTIV-HERSTELLER

7Artisans – *7artisans.store*
AstrHori – *www.astrhori.de*
Irix – *store.irixlens.com/de/*
Laowa – *www.venuslens.net*
NiSi – *www.nisioptics.de*
Pergear – *www.pergear.de*
Samyang – www.samyang.de
Sigma – *www.sigma-foto.de*
Tamron – *www.tamron.eu/de-DE*
TTArtisan – *www.ttartisan.com*
Viltrox – *viltroxstore.com/de*
Walimex – *www.walimex.biz*
Zeiss – *www.zeiss.de/consumer-products/fotografie.html*

BILDBEARBEITUNGS-PROGRAMME

ACDSee Photo Studio – *www.acdsee.com*
Adobe Photoshop – *www.adobe.com/de/products/photoshop.html*
Adobe Lightroom – *www.adobe.com/de/products/photoshop-lightroom.html*
Affinity Photo 2 – *affinity.serif.com/de/photo/*
Gimp – *www.gimp.org*
Luminar – *skylum.com/de/luminar*
PaintShop Pro – *www.paintshoppro.com*
Photodirector – *de.cyberlink.com/products/photodirector-photo-editing-software-365/*
Pixelmator – *www.pixelmator.com/*

RAW-KONVERTER

Capture One Pro – *www.captureone.com/de*
Darktable – *www.darktable.org*
DxO PhotoLab – *www.dxo.com/de/dxo-photolab/*
ON1 Photo RAW – *www.on1.com/products/photo-raw/*

SOFTWARE FÜR DEEP-SKY-AUFNAHMEN

Astro Pixel Processor – *www.astropixelprocessor.com*
DeepSkyStacker – *http://deepskystacker.free.fr/german/*
PixInsight – *pixinsight.com*
Siril – *siril.org*

SPEZIAL-PROGRAMME

DNG-Konverter
Konvertiert RAW-Dateien in das DNG-Format
helpx.adobe.com/de/photoshop/using/adobe-dng-converter.html
LRTimelapse
Erzeugung von Zeitraffer-Videos aus Einzelfotos
lrtimelapse.com/de/
Sequator
Kombination mehrerer Einzelaufnahmen (auch mit Landschaft)
sites.google.com/view/sequator/
StarStaX
Verwandelt Einzelaufnahmen in Strichspurfotos
markus-enzweiler.de/software/starstax
StarTrails
Verwandelt Einzelaufnahmen in Strichspurfotos
startrails.de

Virtual Moon Atlas
Berechnet Mondphasen und bietet eine Mondkarte
ap-i.net/avl/en/start

PLANETARIUMS-PROGRAMME

Stellarium
stellarium.org/de/
Redshift
www.usm.de
SkyChart/Cartes du Ciel
www.ap-i.net/skychart/en/start
TheSky Professional
www.bisque.com/product/theskyx-pro/

APPS FÜR DAS SMARTPHONE

Redshift
Planetariums-App
SkySafari
Planetariums-App
SkyView
Planetariums-App
StarWalk
Planetariums-App
Stellarium
Planetariums-App
Heavens-Above
Berechnet Satelliten-Überflüge
LunaSolCal
Berechnet den Lauf von Sonne und Mond
Sun Surveyor
Zeigt Positionen von Sonne und Mond im Livebild
PolarisView
Relative Position des Polarsterns zum Himmelspol
Polar Scope Align
Relative Position des Polarsterns zum Himmelspol
PhotoPills
Vielseitige App zum Planen einer Fotosession
The Photographers Ephemeris
Berechnet Auf- und Untergangspunkte von Sonne und Mond
Daff Mond
Berechnet den Lauf von Mond und Planeten
EclipseDroid
Berechnet Sonnen- und Mondfinsternisse
Astrofoto Calculator
Errechnet u.a. Bildwinkel und Belichtungszeiten
FotoTool
Viele nützliche Infos für (Astro-)Fotografie
Photographer's companion
Viele nützliche Infos für (Astro-)Fotografie
ProCamera
Erweitert die Einstellmöglichkeiten der Handycam
DeepSkyCamera
Verwandelt die Handycam in eine Astrokamera
Snapseed
Bildbearbeitungs-App
PlateSolveCam Astrophotography
Kann aufgenommene Sterne und Sternbilder identifizieren
SkEye Cam
Kann aufgenommene Sterne und Sternbilder identifizieren

PLUGINS FÜR AFFINITY PHOTO UND ADOBE PHOTOSHOP

StarSpikes Pro
Erzeugt Sternstrahlen
prodigitalsoftware.com/StarSpikesPro4.html
Topaz DeNoise AI
Bekämpft das Bildrauschen
topazlabs.com/denoise-ai
Topaz Sharpen AI
Dient zum Schärfen von Fotos
topazlabs.com/sharpen-ai
NoiseXTerminator
Bekämpft das Bildrauschen
www.rc-astro.com/NoiseXTerminator
GradientXTerminator
Kann Helligkeitsverläufe (Gradienten) im Himmelshintergrund beseitigen
www.rc-astro.com/GradientXTerminator

Register

Impressum

Umschlaggestaltung von Büro Jorge Schmidt, München, unter Verwendung von Fotos von Stefan Seip.

Mit 185 Farbfotos und Screenshots von Stefan Seip (www.photomeeting.de)

Unser gesamtes Programm finden Sie unter **kosmos.de**
Über Neuigkeiten informieren Sie regelmäßig unsere Newsletter, einfach anmelden unter **kosmos.de/newsletter**

Gedruckt auf chlorfrei gebleichtem Papier

ISBN 978-3-440-17148-6
Redaktion: Sven Melchert
Gestaltung und Satz: typopoint GbR, Ostfildern
Produktion: Ralf Paucke
Druck und Bindung: Westermann Druck Zwickau GmbH, Zwickau
Printed in Germany/Imprimé en Allemagne

FSC
www.fsc.org
MIX
Papier | Fördert gute Waldnutzung
FSC® C110508